渋谷の農家

小倉 崇

本の雑誌社

もくじ

渋谷の農家、旅に出る

まえがき

今、僕が立っているのは、東京のど真ん中・渋谷のさらにど真ん中、ラブホテル街として有名な道玄坂にある、ライブハウス・TSUTAYA O-EASTの屋上だ。僕はここで、仲間とともに畑を耕し、野菜を作っている。まさか、こんな場所で野菜を育てている人間がいるなんて、誰も気が付かないだろう。

面白いのは、こんな都会のただなかでさえも、やろうと思えば畑が作れて、野菜が育てられるということだ。確かに、都内で空き地を探すのは難しいが、屋上やベランダならいくらでもスペースは見つけられる。

僕は、本や雑誌の編集をしたり、原稿を書いたり、広告の企画や制作をすることで得たお金で暮らしている。だから、農業によって生計を立てる人のことだけを農家というならば、農業でお金を稼いでいない自分は、農家ではないことになる。それでも、僕は、朝早く起きて、畑へ出かける。「それって、単なる趣味の家庭菜園なんじゃない?」といわれると、それは随分と気分が違っているように感じる。自分や家族が食べる分の野菜を自給することを目的にしているわけではないし、かといって、単純に土いじりや畑作業が好きだからしているわけでもない。

自分のことを、こうしてうまく説明できないもどかしさは、畑の楽しさをうまく伝えられないもどかしさと似ている。それは、いつも畑に立つたびに感じることだ。いや、「さあ、畑に出るぞ」と、着替えたり、長靴を履いたりしている時から、僕の意識はパチンとスイッチが変わる。その瞬間から、空気の匂いを嗅ぐようになり、空を眺め、風の強さを感じ、今、ここにいる自分を取り巻いている自然へと意識は吸い込まれていく。すると、暑いとか寒いとかだけの言葉で判断していた、その日その場所が、そんな言葉だけでは到底説明しきれないくらい、複雑で多様な空間であることが感知される。そして、畑で土や作物の様子を眺めると、さらにそこには、もっともっと複雑で多様な世界が広がっていることに圧倒される。もうこの時点で、僕の脳は、普段仕事している時の脳とは全く違った感覚に突入している。

例えば土。夏と冬では土の色も、匂いも、感触も、重さも、全てが違う。土にいる虫たちも違う。畑に立っただけで、こういった凄まじい量の情報に僕は包まれる。いちいちひとつひとつ感じたことを言葉に置き換えて理解するなんて無理だし、そんなことはする必要もない。

かつて、世界には、あらゆる音階の音楽が溢れていた。ところが、ピアノが誕生したことで、ピアノの音階で再現できない音楽は、音楽ではないとされ、どんどん世界から失われていってしまったという。この、ピアノの音階では表現できなかった、世界中に溢れていた色んな民族が奏で、踊っていた、音楽の音色の豊饒さは、そのまま、言葉という音階では収まりきらない、畑や、農業が僕に伝えてくれる豊饒さと同じようなものではないか。

でも、だからといって、ブルース・リーの言葉「Don't think, feel」な、ただその場を感じているわけでもない。脳と畑が直結すると、普段は使っていない本能のようなものが起動し、五感、体の細胞ひとつひとつが目覚めていくような、フレッシュな感覚が脳を歓喜させる。それは、早朝の深い森を歩いている時の瑞々しさであり、フジロックなんかのフェスでお目当のバンドが登場してきた時の全身がゾゾゾーとしていく興奮であり、愛する人とのセックスを終えた時の安らぎでもある。

そんな、日々の暮らしの中では、どれもがスペシャルな瞬間の喜びが、まあるくすべてひとつに溶け合って身体中に流れ込んでくるような、最高の時間。これが、僕が畑にいることが大好きな理由だ。こうして書いているだけでも、畑に行きたくなる。結構、重度な畑ジャンキーなのかもしれない。この快感を一度味わってしまうと、もう抜けられない。その上、自分で種をまいた野菜が、芽を出し、雑草や虫たちと戦いながら、時間をかけて成長していく姿は、何度見ても感動するし、そうして収穫した野菜を口に入れた時の嬉しさ、美味しさは、言葉にできない。

では、いったいどうして僕が、渋谷で畑を作るようになったのか？

このあとの本編では、僕が農業に携わるようになったいきさつや、その間に起きた出来事の数々、そして旅をしながら各地で出会ったオルタナティブでユニークな農家の人々の物語も交えながら記していきたい。

農業は英語でアグリカルチャー(agriculture)という。Agriは土を意味するから、土から生まれる文化とでもいうことになるのだろう。渋谷はファッションや音楽や様々なカルチャーが交錯する街だ。そんな街から、人類史上最古でありながら、人間が生きている以上、未来まで果てることなく続いていくカルチャーである農業を育てていきたい。

都会と農村なんて堅苦しく考えず、もっと気軽に、自分たちの遊び場を作るくらいの楽しみ方で、都市の中の畑が増えていけばいい。きっと楽しいはずだ。僕らが暮らし、僕らが働き、僕らが遊ぶ、僕らの街を、さあ、畑にしよう。

僕は渋谷の農家だ。

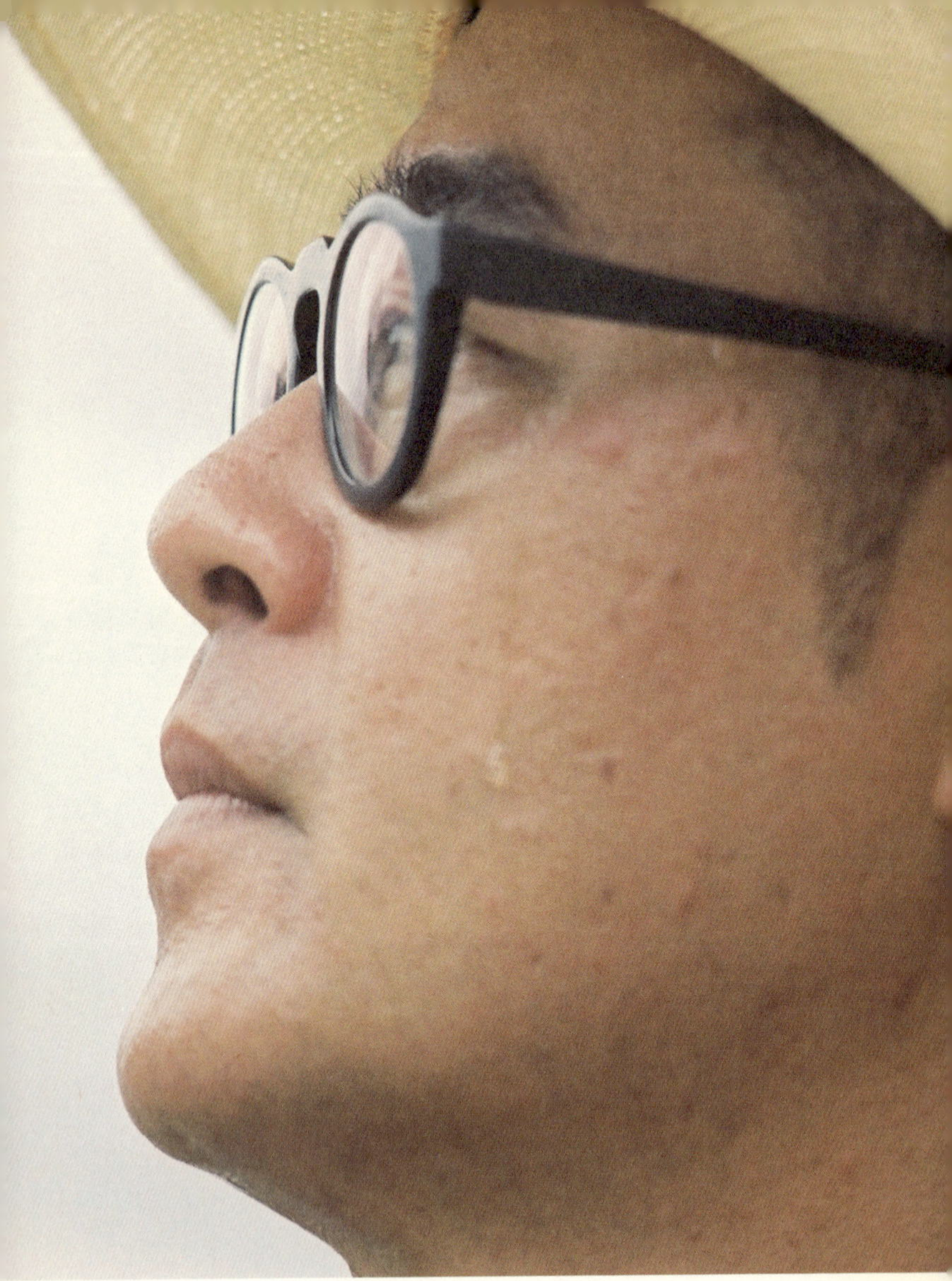

イラストレーション
ワタナベケンイチ
デザイン／写真（p9-16, 113, 176, 238, 269）
杉坂和俊

1 農と出会う

初めて、農家になる自分をイメージしたのは、大学三年生の時だ。

きっかけは、周りの友達が続々と就職活動を始めたことだった。みんなそれぞれ就きたい仕事があるようで、例えば、マスコミやメーカー、銀行や食品と、就職したい業界の情報交換をし始めた。それまで、ただ酒を飲んで、くだらない話ばかりしていた友達がみんな就職すると聞いて、びっくりした。就職しないなんていう友達はひとりもいなかった。大学を卒業したら就職するものだという社会常識的な考えを葛藤の有る無しに関わらず受け入れていたのか、本当に就きたい仕事があって就職しようとしているのか、その辺は分からなかったけど、とにかく、みんながどこかしらの会社に入ろうとしているという事実に、僕は完全に取り残されていた。

その頃の、僕の生活はといえば、好きな時間に起きて、好きな音楽を聴いて、好きな本を読んで、好きな友達と遊んでいるだけ。大学もほとんど行かなかった。一人暮しをしていたから、最低限必要なお金は、アルバイトで稼いでいたけど、短期で稼げる肉体労働を主とした効率のいいバイトを選んでは集中してやって、当分の間、ラーメンとタバコが買えるくらいの金額をもらったら、さっさと辞めた。見事に好きなことしかしていなかった。

そんな生活にどっぷり浸かっていたから、自分が就職するなんてイメージが全く湧いてこない。というか、自分でも不思議なのだが、まったく考えたことがなかったのだ。それでも、周りはどんどん社会へ出て行く準備を始めている。そこで、人生で初めて、本気で自分は何になるのかと考えてみた。答えは、すぐに出た。

「俺、ヒッピーになるわ」

そう告げた時の、友達の苦笑いした表情は今でも覚えている。

ヒッピー。ああ、恥ずかしい。

何が恥ずかしいって、それまでヒッピーの知り合いもいなければ、ヒッピーが何をして暮らしているのかも全く知らなかったし、ヒッピーの人たちの考えやライフスタイルに触れたこともなかった。ただ、毎日、ロックやパンクを聴いて、ビートニクスやカウンターカルチャー系の本を読み漁り、気分だけはいっぱしの反体制を気取った青二才は、初めて、真剣に自分に向き合ったつもりになって、何となく、自由に生きてそうだからという勝手な思い込みのイメージだけで考えたつもりになっていた。そして、頭に真っ先に浮かんだのがヒッピーだったのだ。

自由を求めてヒッピーになろうと思った僕は、本屋へ行ってヒッピーになるためのマニュアルを探し始めた。自由とマニュアル。なんてバカだったんだろう。それでも、バカなりに調べていくと、どうやらヒッピーとは、自給自足的な生活をしている人が多そうだと知った。豊かな自然の中で、社会の歯車にならず、自分らしい生き方を実践していく。カッコイイ!!こんな風にまるで、Tシャツでも選ぶように、僕は自分の将来を決めようとしていた。

だけど、当然のことながら、僕はヒッピーにはならなかった。いや、なれなかった。今もたいして変わりはないが、その頃の自分には、自給自足の生活を可能にするような農業的な技術なんてまったくなかった。そんな自分が、どうやって、たった一人で世の中を生きていけるのか。青二才の思い込みはあっさりと崩壊した。父が早くに他界し、母一人、子一人の母子家庭で育った身としても、「ヒッピーになる」と告げた時の、それまで見たことがなかったような母親の落胆した表情から、自分はなんだかとんでもないことを言っているらしいと、さすがに気が付いた。

これが、初めて自分が農業をしている姿をイメージした時の話だ。

それまで自分は都会と田舎でいうなら、どちらかといえば都会的な生活を好んでいた。通おうと思えば、実家から通えたはずだが、畑や田んぼに囲まれた田舎で暮らす自分がダサく思え、当時、大好きだったRCサクセションの忌野清志郎が歌った、東京・国立の多摩蘭坂にアパートを借りて、友達がバイトしている歌舞伎町のバーでタダ酒を朝まで飲んだり、ライブハウスやクラブで遊んだり、原宿あたりの古着屋を回ったりしていた。そんな自分が、漠然と自分の将来を思った時、コンクリートの都会ではなく、畑や田んぼ、森の中を旅して歩いている自分の姿に魅きつけられたのは、どうしてだったのだろう。

さっさとヒッピーになることは諦めたが、あの時の、自分の内側から無意識に出てきた「自然と暮らしたい」という思いは、自分でも意外すぎて驚いたけれど、同時に、その妄想に浸っている時の心地良さは、僕の意識の中に小さな種を植えつけていったように思う。それから20年以上の時間を超えて、こうして自らを農家と名乗る日が来るなんて、もちろん、当時の僕には知る由もない。

その後、大学を卒業した年に、出版社に入社した。就職というより、この先、自分は何をやって生きていくかと考えたことで、ようやく、自分の人生についてのイメージを作り始めたからだった。

そうなると、子供の頃から、ずっと飽きずにいたことが、本を読むことだけだったので、働くなら出版社しかないなと思った。自分の性格を考えれば、好きなことしか続かないだろうと思った。だが、出版社といえば中々の狭き門で、熱心な学生は大学入学当初から、サークルや講座に通って準備していた。もちろん、こちらは何の準備もしていない。それどころか、前夜に飲みすぎて入社試験に寝坊したりなんてザラで、新卒の入社試験はすべて落ちた。それでも、しぶとく求人を探し、既卒でも応募可能な中途採用試験に応募し、中堅の出版社になんとか滑り込んだ。

その会社には9年間お世話になった。女性誌、ファッション誌、写真集など、編集者として、面白い仕事をたくさんさせてもらった。真夏のうだるような暑さの中、閉め切ったトラックの荷台にカメラマンと二人で乗り込み、芸能人のスキャンダルを狙って何時間も張り込みをしたこともあったし、パリでファッション業界の重鎮とされるアタッシュ・ドゥ・プレスの女性に協力を仰ぎ、創刊させたばかりのファッション誌の撮影をオールフランス人のスタッフとやり遂げたこともあった。アラーキーこと、荒木経惟さんの写真集にも関わらせていただいた。とにかく、雑誌や本を作ることが楽しくてしょうがなかった。夢中で仕事をしていた。

ただ、出版社で働き続けようとすると、編集者としてだけでなく、広告部や販売部など、本にまつわるあらゆる部署を経験していくようになる。組織の中にいて、自分のやりたいことだけを続けるのは無理なことだ。そして、ある日、広告部への異動の内示を受けた。その時、迷わず退社を決めた。ずっと、夢中になれる、人やコトやモノを追って、本という形で表現していきたいと思った。入社して9年という歳月も、ちょうど義務教育と同じ年月にあたることから、出版人としての義務教育は終わったと、よく分からない理屈をつけて、僕はフリーランスになった。

久しぶりに、農業を思い出したのは、フリーランスになって間もなくの頃だ。

当時、ある航空会社の機内誌の仕事を請け負っていた僕は、日本一美しい農村風景として農林水産大臣賞を受賞した山形の飯豊《いいで》町に一年間通い、四季折々に変わりゆく農村の風景や人の暮らしを追いかける企画を提案した。そこで、ある米農家さんの家族を企画の軸として、米作りから見える農村の移り変わりを取材することになった。この企画に原稿を書いてくれたのが、作家の素樹文生《もとぎふみお》さんだ。打ち合わせの席で「せっかくなら、農家さんと一緒に米つくりの体験もしよう」と話はまとまり、僕らは、機械を使わずに、人の手だけで作る米作りもさせていただくことになった。

そうして迎えた取材の初日。裸足で田んぼに足を突っ込むと、生ぬるい泥が両足を包む。

ぬるっとした感触に一瞬だけ、靴を履いていない違和感に不安を感じたものの、数秒後には、自分でも不思議なくらい大きな安らぎの感覚に包まれた。赤ちゃんが母親に抱かれている時の安心感ってこういう気持ちなのかもしれないないなと思った。それくらい、それまで自分が暮らしてきた時間の中で感じたことがないような安堵感があった。あの時が、土の力を初めて実感した瞬間だったかもしれない。

苗の束をポンと放り投げ、それを手で泥の中に植え込んでいく。あっという間に、膝は笑い、腰は窮屈な姿勢に悲鳴をあげたけど、幸福な時間だった。したたり落ちる汗が目にしみるけど、手は泥だらけだから拭くこともできない。それでも、田んぼに平行になるくらい腰を屈めたまま、太陽の陽射しを背中や首筋に受け続けていることが嬉しかった。

農業ってなんてフェアな行為なんだろうと思った。

人間と田んぼと苗が完全に対等な関係だと感じた。

苗も田んぼも人間が手を抜かず、誠心誠意尽くせば、最大限のパフォーマンスで応えてくれる。逆に、こちらが適当な仕事しかしなければ、それなりにしか応えてくれない。

こうやって、言葉にしてみると「そんなの当たり前じゃないか」と思うかもしれないが、自分の日常を振り返ってみて欲しい。こんなにシンプルな原則で生きているだろうか。少なくとも当時の僕自身に限って言えば、NOだ。今でも鮮明に覚えていることがある。この田植えの時からは時間が経っているけど、僕自身がどんな環境で仕事をしていたかを説明するのにピッタリだと思うエピソードを紹介する。

あるブランドの仕事をした時のことだ。そのブランドは僕自身も気に入っていたので、かなり気合いを入れて仕事した。少しでも面白くしたいと思い、日々企画をアップデートして、原稿も写真もデザインも何度も何度も練り直したり、とにかく細部までこだわって制作していた。もちろん、そんなに熱く作業したからといってギャラが増えるわけではない。でも、自分が制作に関わらせてもらっている以上、クライアントはもちろんのこと、僕と同じようにそのブランドのことを好きな連中にも楽しんでもらえるようなものにしたい。ただ、それだけの思いで作り続けていた。ところが、ある日、広告代理店の人間に笑いながらこう言われた。

「あれだけのギャラや期間、たくさんの制約がある中で、小倉さんが作ってくれるものってオーバースペックですよね」

おそらく、その人はいい意味でオーバースペックって言葉を使ったのだろう。だけど、それを聞いた時に愕然とした。オーバースペックってなんだ。それって、「このくらいのギャラなら、まあこれくらいのもの作っとけばいいでしょ」って世界で生きてる人間の言葉だ。別に、こっちも清廉潔白で純粋なクリエイターなんてものからは程遠いけど、少なくとも自分の仕事だけは真正面からぶつかっていく。フリーランスって立場は、毎回毎回が勝負だ。ちょっとでもぬるいものを作れば、次回からお呼びはかからない。それに、僕は所謂「付き合い」が下手なので、自ずと作ったものでしか自分の価値を表すものがない。大袈裟に聞こえるかもしれないが、毎回、仕事のたんびに、「もう、何にも出て来ない」というくらい自分を追い込んで仕事をしていた。それを、オーバースペックなんてチンケな言葉で表現されたことにウンザリした。同時に、とはいったって、こんな言葉を使う人間と仕事をしていること自体が自分自身の力量なんだと思うと情けなくなった。

話の脱線ついでに言うと、僕は「きれいごと」が好きだ。大抵の場合、「きれいごと」っていうのは青臭い理想論を揶揄して、「そんなきれいごとじゃ世の中には通用しない」という風に使う言葉だけど、「きれい」な「こと」の何が悪いんだろうといつも思う。汚いことより、きれいなことの方が良いのは当たり前じゃないだろうか。世の中が複雑になって、色んな人間がそれぞれの欲望を剥き出しにすればするほど、「きれいごと」は必要になる。それこそが成熟した社会ってことじゃないか。少なくとも、きれいごとを否定する人間にはなりたくない。

話を初めて田んぼに足を入れた時に戻そう。とにかく、人間と、自然（＝田んぼや稲の苗）が、「美味い米を作る」という一点だけで繋がっていて、それぞれがそれぞれのポテンシャルを最大限まで出し合うことでしか、目標は達成出来ないという農業における命題が心地好かったのだ。

午前中の作業が終わると、疲れと満足感が入り混じった妙なテンションだった僕と素樹さんは「きついぜ、農業！」と騒ぎながら、旅館で畳の上に寝っ転がった。すると、ヒッピーになりたいと思った時の自分を思い出した。たった半日の農作業でこんなにクタクタになってるんだから、やっぱりヒッピーは無理だったなと苦笑しながらも、それでも、やっぱり農業っていいもんだなと改めて感じていた。

それ以来、少しずつだけど、他の仕事でも食や農にまつわる企画が通るようになり、農家さんたちとの出会いも増えた。自分なりに勉強もし始めたことで、僕の中でどんどん農家という仕事への興味は高まっていった。だが、同時に、農業だけで生計を立てていくことの大変さも知った。だから、自分が農業をやりたいという気持ちはまったく芽生えなかったのだが、そんな中で、山形県の高畠町の米農家・遠藤五一さんとの出会いには大きな影響を与えられた。

遠藤さんは、米の美味しさを競う、『米食味分析鑑定コンクール』において、完全無農薬な有機農法で作った米で5年連続金賞を獲得した、文字通り日本一の米農家さんだ。遠藤さんのもとへも春夏秋冬、取材に行かせてもらった、その時のことは、前著『LIFEWORK 街と自然をつなぐ12人の働きかたと仕事場』（祥伝社）でも書いたが、何と言っても、遠藤さんの米の美味しさには本当に驚かされた。

白米が何よりの好物で、有名なブランド米などを取り寄せて食べていたので、そこそこ美味しい米は知っているつもりだったが、遠藤さんの米はフルーツみたいにプルプルで、食べていると、頭で美味しいとか感じるよりも早く、体の内側からエネルギーをチャージされていくような絶対的な生命力に溢れた米だった。一口噛むごとに、自分自身が生きていることを実感させてくれる食べ物。そんな食べ物に出会ったのは、初めてだった。

その衝撃は、初めてロックンロールのレコードを聴いて、全身がビリビリ痺れた時と同じものだった。それまでの自分が知っていると思っていた世界が、瞬間でひっくり返るような、ものすごい驚き。音楽にしろ、小説にしろ、映画にしろ、美術にしろ、お笑いにしろ、本物のアートは、それに触れた者を徹底的に蹂躙する。世界の見方を変えさせる力がある。

「この米は、完全にアートだ」と、思った。

何より驚いたのは、この米が、人間が人工的に作り出したものではなく、自然そのものから作り出されているということ、つまり農業の本質そのものだったことだ。この時、初めて無農薬や、有機農業へ意識が開いた。もちろん、それまでも、有機栽培で育てられた野菜や米を食べたことはあった。だが、それは今から思えば、海外のブランド品をありがたがるように、「オーガニックな食材を食べることがカッコイイ」というファッション的な感覚で捉えていた。

だが、今、自分が食べている目の前の米は、農薬や化学肥料といった便利な道具に頼ることなく、遠藤さんが、たった一人で、自分の直感と技術と情熱だけを武器に、自然と格闘しながら産み出した米だ。

農業にくわしくない人のために、少しだけ、有機農業について説明をすると、現在の農業は、大まかにふたつの農法に分けることができる。ひとつは、農薬や化学肥料を用いた農法で、こちらは近代農業と呼ばれる。

日本だけでなく、世界中のほとんどの農家さんが行っている農法でもある。この農法のメリットは、作物を雑草や害虫から簡単に守ることが出来ること。例えば、畑や田んぼの雑草に対しては、除草剤を撒けばその後、雑草が生えてくることはなくなる。害虫に対しても、同じように、別の農薬で根絶やしにすることが出来る。これがあれば、毎日、畑や田んぼを這うようにして、雑草を一本ずつ抜いたり、作物をかき分けながら害虫を見つけ出していくといった、気の遠くなるような重労働から簡単に解放される。そして、ひとつずつの田んぼや畑に時間を取られずにすむので、もっとたくさんの畑や田んぼで農作物を育てることが出

来るようになる。

一方、デメリットは、農家さん自身の農薬による健康被害や、その作物を食べる僕たち消費者の健康状態への影響があるともいわれていることだ。考えてみれば、雑草や害虫を殺すような薬なのだから、人間の体にも少なからず影響が出ると考えられるのも当たり前だ。とはいっても、最近は農薬自体の研究もされているし、農薬の使用回数も最小限度に抑えた農法に取り組み始めた農家さんも多い。スーパーなどでも、お米や野菜に「減農薬」と書かれたシールが貼られているのを見たことがある人も多いはずだ。

デメリットはもうひとつある。それは、環境への負荷だ。雑草や虫を殺し、人体にも影響を与えると思われる農薬は、畑や田んぼ自体にも、影響を及ぼす。農薬と書くぐらいだから、本来は農業における薬として開発されてきたのだろうが、そもそも、畑や田んぼといった土には病気なんて存在しない。自然は、地球が誕生してから、ずっと自然の力とリズムだけで地球を育み、生き物を生み出してきた。

不謹慎な言い方になるが、仮に自然や地球が、「調子が悪くなったな」と感知すれば、それは地震や台風や火山の噴火など、人間が言うところの天災的で爆発的なエネルギーを放出する荒療治で自分の健康を取り戻してきたのだ。それに、雑草とか害虫なんてものは、そもそも自然界には存在しない。むしろ、すべてが食物連鎖の輪の中で循環しているのに、そこに無理やり入り込んで、「この草が邪魔だ」とか、「この虫のせいで野菜が育たない」とか言っている人間の方が、自然界の中ではよっぽど邪魔でエゴイスティックな存在だろう。

それに対して、日本一の米農家である遠藤さんも実践している有機農業は、近代農業とは真逆の農業だ。農薬や化学肥料などは一切使用しない。ざっくりと言ってしまえば、近代農業のメリットとデメリットがひっくり返る農業なのだ。

農薬を使わずに作物を雑草や虫から守るために、ひたすら自分自身の手で草を抜き、虫を避ける。化学肥料を使わずに作物を育てるために、藁や茅を田畑に敷き詰めたり、牛や豚、鶏などの糞を撒いたり、収穫しきれなかった作物や引っこ抜いた雑草を畑に鋤きこむことで、田畑の環境を整えたり、肥料の代わりとする。そうすることで、農家さんにとっても僕たち消費者にとっても安全な作物を作ることが出来る。もちろん、田畑や自然環境へ与える負荷も限りなく少なくなっていく。

ただし、農家さん自身の作業量は爆発的に増える。ということは、手をかけられる面積は必然的に少なくなるし、ある意味、自然の摂理そのものに栽培を委ねることにもなるので、毎年決まった量の収穫ができるとも限らない。ただでさえ、近代農業に比べて少ない面積しか手がけられないのに、その上、どれくらいの作物が収穫が出来るかも分からない。お金を稼ぐという一点から見れば、非効率この上ない農業に見える。

目先の5年、10年のスパンで見れば確かに近代農業の方が効率的に見えるかもしれない。だがもっと、長いスパンで見ると、人間の都合で痛めつけられた田畑は100年も経てばボロボロになっているのではないだろうか。有機農業は手間暇はかかるが100年後も変わることなく作物を育ててくれるだろう。

そう、有機農業は「きれいごと」なのだ。だから、有機農業を否定する農家さんもたくさんいるが、僕は嬉しかった。こんな風に、自分のことだけじゃなくて、消費者や地球の未来のことまで考えながら、毎日毎日、雨の日も死ぬほど暑い日も黙々と田んぼに向かう遠藤さんの姿を見て、羨ましくなった。そして、焦った。自分の今の生き方のままでは、何も手に入れられない気がした。

そういえば、田んぼで聞いた遠藤さんの言葉は、まるでネイティブ・アメリカンの長老の言葉のようで、ストンと、まるで田んぼに放り投げられた苗のように、僕の心にまっすぐ届いて、そして、すぐに根付いた。

「米は一年に一回しか作れない。だから、私はせいぜい50回しか米を作れないわけ。でも、私が死んでも作り方さえ伝えていけば、米作りは永遠に続いていく。人間は有限だけど、米は無限なんだよ。

この田んぼの周りの自然もそう。私はたった数十年しか、目の前の川を見ることはできないけど、この川だってずっと先人が守ってきてくれたから、今、こうして自分の目の前を流れている。そして、未来の、私が出会うことのない人たちの前にも、このきれいな川をそのまま残してあげたいと思ってる。

それと同じで、私も弥生時代からずっと連なってきている米作りの大きな大きな長い歴史の輪の中に、たまたま参加させてもらってるだけなんですよ」

なぜ、この言葉が、ネイティブ・アメリカンの言葉のように感じたかというと、ネイティブ・アメリカンにはメディスン・ホイールという、曼荼羅のような考え方がある。それは、この世の生きとし生けるすべてのもの——植物や動物や鉱物——には魂と生命が宿り、ひとつの輪で繋がっているという考え方だ。

面白いのは、メディスン・ホイールには人間が加わっていないと考えられていること。つまり、人間は、万物の生命の輪の外にいる。そして、もし、この輪に入ろうとするならば、自ら進んで命の輪に加わるための知恵を掴み取らなければならないとされている。遠藤さんの言葉に感銘を受けたのは、有機農業とは、まさにメディスン・ホイールの輪に加わるための知恵のひとつなのだとインスピレーションを受けたからだった。

考えてみれば、弥生時代にも平安時代にも江戸時代にも農薬なんてなかった。それでも、僕らの先祖はお米や野菜を育てていた。だからこそ、今も、こうして田畑があり続けてくれているのだ。しかも、個人的な体験から言えるのは、有機農業で栽培された野菜やお米の方が、美味しいものに当たる確率が断然高い。

こう書いてみると、安心で美味しくて、農家さんにも自然にとっても好ましい有機農業はメリットがいっぱいだ。だったら、どうして、日本はもとより、世界中の農家さんが有機農業をしないのか。テレビや雑誌、webなどのメディア、スーパーやカフェや街中のショップなど、毎日、どこかしらで「オーガニック」という言葉を見たり聞いたりしているので、てっきり、僕らの生活は「オーガニック」なモノに囲まれ、溢れているように思っていた。ところが、現実を知って驚いた。日本の農業全体における有機農家の割合は、なんとたったの0.4%でしかないというのだ。

かつて江戸時代の日本は、ゴミを出さない循環のシステムが行き届いていたエコロジカルな国だった。当時は、農薬や化学肥料はもちろんのこと、化学調味料や添加物も存在しなかったから、人間が排出する糞尿や生ゴミはすべて、田畑に肥料として還元されていた。面白いのは、人間の糞尿にもランク付けがあって、豊かな食生活を送っていた殿様や大名などの糞尿は栄養分が高く、肥料としてもより高い効果があったので、取り合いになっていたらしい。結果、力のある豪農や本百姓だけが、そう言った糞尿をもらえるようになったそうだ。

どんな糞尿を使うかは別としても、江戸時代においては、農業といえば、もちろん有機農

業が100%だった。ところが、明治時代以降、僕たちの暮らしは劇的に変わった。工業の時代が始まったのだ。それまでは、税金ですらお米で年貢として納めていたように、日本人の暮らしの中心はお米だったが、工業の時代になると、すべての中心はお金になった。そうして、新しい仕事が次々と生まれた。

田んぼや畑に這いつくばるような生活をしなくても暮らしていける仕組みが世の中に出来てくると、土地を捨てて、新しい仕事を求める人々が都市へ集まった。人々の職業はどんどん細分化され、自分たちで食べるものも他人に作ってもらうことが当たり前となり、お百姓さんは、農家さんに変わり、今で言うサービス業や製造業と同じような、「職業としての農業」が誕生した。

お金を稼ぐ手段として農と向き合った時に、より稼ぎやすい合理的な手法を求めるのは当たり前の成りゆきだ。さらに、どうせ食べ物の栽培を他人に任せるなら、一年中、ずっとニンジンやキャベツが食べたいから作って欲しいなんて、自然の摂理に反した考えを持つ消費者という新たな人種も生まれた。

多くの時代を経て、農と農業は変化してきた。そうして、農を生業《なりわい》とする人間と、消費者の思惑を解決するために生み出されたのが農薬なのだ。だから、一概に近代農業が悪で、有機農業が善だなんて決めつけることは出来ない。なぜなら、農薬を生み出したのは、他でもない僕たち消費者自身でもあるからだ。

こうして、過去150年の間に、有機農業は100%から僅か0.4%のマイナーな存在へと押しやられてきたのだ。

こんな風に、遠藤さんの米と出会ったことで有機農業を知り、有機農業を知ることで近代農業についても理解していくうちに、食に関する限り、自分たちは出口のない迷路の中にいるような気分になった。

有機というクオリティは欲しいけど、価格は安く、なおかつ、一年を通して同じ作物も食べたい。そんな自分の欲求が当たり前だと思っていた。もっと言えば、農家もプロなら消費者の需要に応えるのが当たり前、そんな風にさえ思っていた。目の前にある野菜を工業製品と同じようにしか見ていない、見ることが出来ない自分に気がついて愕然とした。そんな当たり前だと思っていた現実を、一口の米がひっくり返してくれたのだ。

これからは、少しずつでも、自分自身が納得出来る米や野菜を選ぶようにしていこう。そう考えていた矢先の事だった。

2011年、3月11日。東日本大震災が起きた。

前月に長男が生まれたばかりだった。すぐに妻と長男と千葉に住む母親と犬と猫を車に乗せて、妻の実家がある滋賀県へ向かった。放射能という目に見えない危機から息子や家族を守ることだけしか考えられなくなった。

その後、数日経ってから僕だけが仕事もあるので東京に戻った。

あの時の恐怖感は今でもはっきりと胸に刻まれている。

ミネラルウォーターや食品が買い占められ、ガランとしたスーパーやコンビニの店内。街灯が消されて、出歩く人もほとんど見かけないひっそりと静まり返った夜の街。テレビでは、原発のライブ映像と公共広告の映像が繰り返されていた。

東京は死んでいた。

あんなにモノと人で溢れかえっていた東京は、水や電力、食料という、生きていく上で最も大切なライフラインを何一つ持っていなかった。そして、そのライフラインが断たれると、わずか2、3日で全く機能しなくなった。自分の暮らしは、こんなにも頼りない基盤の上に成り立っていたのか。東京でやりたい仕事を見つけ、働くことで、自分の人生を生きていると思っていたけれども、そんなのは思い過ごしだった。

僕自身に「生きる」力なんて無かったのだ。ただ、わずかばかりのお金を稼ぐことで、とりあえず生かされているだけだった。ライフラインが断たれたまま見捨てられたら、水も食料も作れない自分はあっという間に死ぬなと思った。いや、僕だけじゃない。おそらく、東京で暮らしているほとんどの人が死ぬことになると思った。圧倒的な無力感だった。ここでは、家族すら守ることが出来ない。自分を獣として考えたら、弱肉強食の食物連鎖においては、最低レベルの生き物でしかなかったのだ。

その時、食べ物を自分で作っている人が、結局は一番強いのだなとつくづく感じた。水と食べ物がなければ人間は生きていけない。逆に言えば、水と食べ物さえ自前で確保することが出来れば、人間は生きていけるのだ。毎日を生き延びることすら危うく感じた原発事故での体験は、僕をさらに農へと近づけた。

そんなある時、さらに決定的な出来事があった。それは、冬の畑での一葉のホウレンソウとの出会いだった。

2 仲間と出会う

原発事故で感じた圧倒的な無力感とともに過ごす日々の中で、小さな希望を与えてくれたのは、小さな町の小さな出来事だった。

神奈川県の藤野《ふじの》という地域を知っているだろうか。

現在では、町村合併によって藤野という地名はJR中央本線の駅名や高速のインターチェンジくらいにしか残っていないが、土地の人たちは、今でも愛着を込めて藤野と呼ぶ。

戦時中、藤田嗣治や猪熊弦一郎など数多くの芸術家が疎開したり、シュタイナー教育を実践する学校があったり、イギリス発祥のトランジション活動が行われていたりするユニークな地域だ。周辺を湖や山々に囲まれていて、都心から1時間ちょっとの距離とは思えないほど、豊かな自然に溢れている。

この藤野で、東日本大震災が起きた直後、市民たちによる電力自給プロジェクト「藤野電力」が立ち上げられた。既存の電力会社に依存しないで、自分たちが使う電力を自分たちで作り出そうとする、電力の自給自足を目的として誕生したプロジェクトだった。具体的に言えば、太陽光パネルを用いて個々が太陽光発電を行えるように、キットと組み立て方をシェアするワークショップを開催していたのだ。

藤野電力の立ち上げメンバーの一人が、昔からの友人・ツッチーこと土屋《つちや》拓人《たくと》君だった。ツッチーは、今でいう雑誌の読者モデルの予備軍となりそうな若者達に幅広いネットワークを持っていて、テレビや雑誌から声がかかると、その企画にピッタリな若者を紹介したり、クラブでイベントやパーティーをオーガナイズしたり、もろに都会のど真ん中なライフスタイルを送っていた友人だった。そんなツッチーが震災が起きる数年前に、表参道から藤野に引っ越していた。

ある日、何気なく見ていたfacebookでのツッチーの投稿で、藤野電力のことを知った。原発事故以来、農への関心とともに、電力を自分で作ることが出来ないだろうかと考え続けていた僕は、早速、彼らに取材を申し込み、ワークショップへ参加することにした。

ワークショップの会場は、廃校となった小学校をリノベーションして、地域のアーティストたちがそれぞれ一つの教室をアトリエとして使っている牧郷ラボで、かつて理科室だったスペースが藤野電力のオフィス兼ワークショップの会場となっていた。

その頃は、今ほどこうした廃校利用なども活発に行われていなかった。古い木造校舎に入ると、廊下には描きかけの絵がたてかけられていたり、小説や精神世界の本が誰でも読めるように置かれている。地域のイベントから全国各地のパーティーのフライヤーもぎっしりと並んでいる。2階に上がると、地域の主婦の方々が腕をふるうカフェがオープンしている。カウンターカルチャーの空気を感じさせながら、一方で普通の主婦が料理を作ったり、子供達が笑いながら校舎の中を走り回っている様子が違和感なく混ざり合った空間を見て、一発で気に入った。

ワークショップの会場には、20代から60代までの男女、総勢20名ほどの参加者が集まっていた。

原発事故直後、電気が使えない生活に直面したことで、いかに自分たちの生活が電力に依存していたかを痛切に感じたし、同時に、このままの生活を続けていくことはそのまま原発へ依存した電力システムを肯定することにもなる。だから、誰かに任せるのではなく、少なくとも自分自身が使う電力くらいは、自力で作りたい。そんな思いが、参加者のみんなに共通していた。だから、会場には静かだけど熱を帯びた空気が満ちていた。

隣に座った20代の男性に話しかけると、彼は、このワークショップで作った太陽光発電キット一台を持って鹿児島県の加計呂麻島へ移住するつもりだと話してくれた。都内のギャラリーなどで企画展を手がけるキュレーターの仕事をしているのだが、ネットさえあればどこでも仕事が出来るので、思い切って移住することを決めたという。

福島を始めとする被災者はもとより、関東近県からもたくさんの人たちが放射能汚染の被害を恐れて西日本へ移住していた。誰もが、自分や家族にとって何が正しいのかを探していた。

ワークショップ自体は、そんなに難しいものではない。太陽光パネルとバッテリーやコントローラーをつなぐだけ。実作業でいえば2時間もかからない。たったそれだけのことで、500円以上のプラモデルとなると完成した例しがない僕の作ったキットでもライトが点灯した。

ビックリした。太陽の光と、このキットだけがあれば電気が作れるんだ。

そう思った途端、原発事故以来、ずっと胸に重しのように乗っていた無力感が少し軽くなった。凝り固まっていた体をマッサージしてもらったように、強張っていた気持ちが軽くなった。

ささやかだけど、日々暮らしていく上での武器を手にしたような気分だ。

これって、滅茶苦茶パンクだ。ガチガチに作り上げられたシステムに真正面からアンチを唱えるのもパンクだけど、こうやって、ちょっとしたアイデアで、既存のシステムに頼らない独立した生き方を探る。しかも、そのアイデアをワークショップという形で、どんどんシェアして拡散していく彼らの視点と姿勢は見事なまでに潔かった。そこには、このワークショップで儲けてやろうとか、このプロジェクトで自分たちの名前を売ってやろうというような、そこらの広告代理店あたりが考えそうな匂いは微塵もなかった。

まさに、電力の自給自足。それ以上でもそれ以下でもない。ワークショップを主宰する小田嶋電哲さんは「ここで知ったことを、それぞれの人が自分の暮らす地域に持ち帰って、それぞれの地域でワークショップをやって広げていってもらいたい」と言った。

もし、そうやって、目には見えなくても、全国各地に電力会社に頼らない個人電力システム網が広がっていったら。そう考えると、鳥肌が立った。

取材を終えると、築100年くらいの古民家に暮らす映像アーティストの家へツッチーに連れて行かれた。太い梁と柱が黒光りする広い客間がリビングとなっていて、そこに藤野電力の小田嶋さんを始め、ツッチーの仲間たちが集まって来て、宴会になった。

みんな初めて会ったばかりなのに、彼らと話していると、なぜか懐かしい気持ちになった。隣町の小学生同士が出会った感じとでもいうか、仕事とか立場とかつまらない制約にとらわれずに、ただ、目の前にいる人と向き合って、自分のことや相手のことをくだらない冗談を交えながら、何のてらいもなく話す。見栄を張って自分を誇張することもなければ、自分を卑下することもない。もちろん、「もう少しお金を稼がないとマズイね」なんて話はする。だけど、仕方なく働くとか、仕方なくここにいるというような人は誰一人いなかった。

お金を稼ぐ意味での仕事と、自分がやりたいこと。そのバランスを取りながら、みんな、自分らしい生き方を作ろうとしていた。料理人、カメラマン、ライター、木工デザイナー、建築家、ミュージシャン、デザイナー、流木アーティスト、天然石を使ったジュエリーデザイナーなどなど。それ以外にも、ツッチーのように、地域の人の間で困ったことがあると、ツッチー自身で解決できることはやってあげて、それ以外の問題は、その問題を解決してくれそうなスキルを持つ人を紹介してあげているなど、一言では説明できないような働き方をしている人もたくさんいた。

集まった人の数だけ職業と働き方があった。そんなみんなと話していると、自分がいつのまにかガチガチに殻を作っていたことに気がついた。同時に、これからの自分がどうやって暮らしていけばいいのかを考える上で、とても大事なヒントをたくさんもらった気がした。

あの夜は、今の自分にとって、本当にかけがえのない時間だった。

それからというもの、暇を見つけては藤野へ遊びに出かけるようになった。家族で行ったり、一人で行ったり。仲良くなったアーティストの家へ行っては作品を見せてもらったり、知る人ぞ知る温泉へ連れて行ってもらったり、夜は、いつも誰かしらの家での宴会だ。通えば通うほど体と心にどんどん栄養が与えられていくようだった。

そんな時間を過ごしていく中で、藤野の隣町・相模湖町で農家をしている油井敬史《ゆいたかし》君と知り合った。

油井君は、海外で買い付けてきた洋服を販売するショップをやったり、バーテンダーをしたりした後に、相模湖町へ移住し、地元の農業生産法人で約1年半の研修を終え、新規就農したばかりの新米農家だった。束ねた長髪、めくったシャツの隙間から見えるトライバルのタトゥー。およそ農家のイメージとはかけ離れたルックスがかえって面白くて、話しかけた。

油井君は、有機農業の中でも自然栽培と呼ばれている農法を実践していた。有機JASでも使用が認められている肥料さえも使わずに、土の力だけで野菜を栽培する農法だ。農薬を使う近代農業と有機農業については、大まかに触れたが、一口に有機農業と言っても、実は、様々な栽培方法に枝分かれしている。

油井君が実践している自然栽培と混同しがちなのが、自然農だ。

自然農とは、自然栽培と同様に肥料を使わず、さらには、トラクターなどの機械類も使わずに作物を生み出す農法だ。そして、基本的には畑を耕すこともしない。最近では「奇跡のリンゴ」で知られる木村秋則さんがこの農法を実践している。

他にも、例えば、土の中の微生物の働きを活発にするために炭素を土に入れて栽培を行う炭素循環農法や、田んぼに鴨を放して米を栽培する合鴨農法とかたくさんの手法がある。

「まだまだ試行錯誤の連続で、胸張って農家ですなんて、とても言えないです」と油井君は言ったが、それまで取材してきた農家の方とは違い、住んでいる場所が近いこともあったし、何より、自分で食べ物を作ってみたいという気持ちが日増しに強くなっていたので、勉強させてもらうつもりで彼の畑を訪問することにした。

真冬の、キンと耳鳴りがしそうなくらい凍った空気の中、霜が降りた畑を歩く。

サクサクと霜を踏みしめながら、畑に目を凝らすと、地面に這いつくばるようにして伸びた葉っぱが見えた。

「あれが、ホウレンソウです。こうやって霜に耐えると甘みが増すんです」と油井君が教えてくれる。

近づいてみると、普段スーパーで見かけるようなぺらぺらの葉っぱとは違った。触ってみると、観葉植物の葉のような肉厚さがあった。

「これがホウレンソウ?」思わず声が出た。

「これ見ると、結構、みんな驚くんですよね」

「食べていい?」

「どうぞどうぞ」

大きくて、肉厚な葉をちぎって、そのまま口に入れた。噛んだ瞬間に、口の中に、柔らかな甘みやほのかな苦味が広がってくる。

「これ、ヤバイよ!」また、声が出た。

ホウレンソウが甘いなんて!

驚きはそれだけではなかった、最初の甘みと苦味が去ると、その後からなんとも言えないほっこりとした滋味がじんわりとやってきた。ホウレンソウの葉を噛み切るなんて感覚も体感したことはなかった。もっと言えば、ホウレンソウにエグミのような味以外を感じたこともほとんどなかった。ところが、このホウレンソウは全く違った。

たった一枚のホウレンソウの葉の中に、こんなにも複雑で多様な味わいのレイヤーがあるなんて、俺がこれまで食べてきたホウレンソウって一体何だったんだ。それまでの野菜への見方が一気にガラガラと音を立てて崩れていく。

初めて、野菜の本当の姿に出会ったと感じた。

遠藤さんのお米を食べた時以上に驚いた。それまで食べていたホウレンソウとは全くの別物だった。

こんなに自分自身の内側からリアルな感情が湧き出てきたのは久しぶりだった。

「このホウレンソウが本当に肥料も使わないで、土の力だけで出来るの？」

「出来ちゃいましたね。それが面白いんですよ」

手袋を外して、霜をよけて冷たい土をほじくり返してみる。興奮していた。

じっと土を眺める。

でも、分からない。どうして、この土だけでこんなに美味しいホウレンソウが出来るのだろう。他の畑とは何が違うのだろう。いや、待てよ。土だけから出来るんだったら、どうして他の農家も、こうやって野菜を育てないんだろう。次から次へと疑問が湧いてくる。

分からないことだらけだったが、分からないことが、こんなにもたくさんあることが楽しくて、気持ちが良い。知りたいことが湧き出ることが嬉しかった。

「僕のやり方は、土の力を引き出すっていうか、借りるっていうか。肥料とかで土の上に後付けで栄養を与えるんじゃなくて、土そのものをより良い状態にしていくんです。そうすれば、農薬や肥料なんていらないんです。だから、土作りが完璧に出来れば、野菜たちは勝手にバンバン育ちますよ」

油井君が説明してくれるのだが、さっぱり分からない。農業のイロハも知らないのだから、こういう説明をされても理解できるはずはない。

野菜は畑で作るのが当たり前だし、ということはもちろん土がなければ始まらないことぐらいは分かる。でも、じゃあ、その土作りってどのようにやるのか。それって、難しいことなんだろうか。肥料を入れて混ぜ込んであげれば、土作りにもなるんじゃないのか。と、話すほどに、またまた、分からないことだらけの深い森の中に突入していく。

だけど、ひとつだけ分かったことがある。

油井君と同じような、メチャクチャ美味しい野菜を作ってみたい。

こうして農業に目覚めた僕は、油井君の畑へ通うことと並行して、気が付けば全国の農家さんを訪ね歩くようになっていた。

渋谷の農家、旅に出る パート1

有機農家のパイオニアたち

オリーブ

「本質が素晴らしくて、誰もやったことがないことをやろうと」

有機オリーブ栽培農家——山田典章——香川県・小豆島

瀬戸内海に浮かぶ小豆島は、そうめんや醤油と並び、オリーブの産地としても有名だ。およそ100年前、日本で初めてオリーブの栽培に成功して以来、オリーブ栽培は島にとって貴重な産業でもあった。2011年、島の長いオリーブ栽培の歴史の中で、初めてオリーブの有機栽培を成功させた男がいる。それが、山田典章《やまだのりあき》さんだ。

驚いたのは、山田さんが42歳から農業を始め、わずか2年足らずでオリーブの有機栽培を成し遂げていたことだ。しかも、それまでは、東京でサラリーマンをしており、農業どころか、植物すらまともに育てたことがなかったという。

そんな山田さんの経歴を知って、とても親近感を覚えた。

小豆島に移住し、30年もほったらかしにされていた荒れ地を手に入れ、農業の学校に通うことも、どこかの農園に弟子入りすることもなく、毎日1人で畑を作ることから始めたという山田さん。

東京での安定した暮らしを捨ててまで、なぜ、農業を志したのか。そして、どうやって、誰もに「出来っこない」と笑われた、オリーブの有機栽培を成功させることが出来たのか。

生命力に溢れたオリーブの樹々を、柔らかな午後の日差しが包み込むように照らし出している美しい畑で、話を聞いた。

今でこそ、島のあちこちに畑を持つ山田さんだが、今、僕らが立っているここの畑から、有機オリーブ栽培農家の山田さんの物語は始まった。よく見ると、畑の畝《うね》がきれいな直線ではなく、あちこちで右や左へよろよろと傾いている。

「ここの畑、不細工でしょ。この辺なんて、畝がグニャグニャになってる。畑の開墾方法なんて知らなかったから、とにかくユンボを借りて、ゴロゴロ出てくる大きな石をひとつずつ手で運びました。2ヶ月くらいかな、毎日朝から晩まで泥まみれ。最後の方は、フラフラで、まっすぐに作ろうと思っても、まっすぐに作れないんですよ。あの時の、僕のヨロヨロさ加減が、そのまま残ってるんです」

都会でのサラリーマン生活に馴れ切った40歳を超えた男の挑戦は、誰がどう考えても無謀にしか思えない。もちろん、家族からも反対されていた。

「でもね、ある時思ったんです。そこそこ仕事して、安定した給料をもらって、週末になると家族で楽しく過ごす。『これって、余生みたいだな』って。まだ40歳なのに、『もう消化試合みたいな人生を過ごさないといけないのか』ってね。

会社員の仕事って、分業化してるじゃないですか。でも、人間って効率が悪くても全部をやりたいと思いますよね。それって、本能に近い気がする。夢中になって、朝から晩までのめり込めるような仕事がしたかったんです」

山田さんには、サラリーマン時代の仕事で、今でも鮮明に覚えている仕事がある。それは、日本で初めて株式会社が手がけた保育園事業を成功させたことだ。事業にのめり込むほどに、山田さんはひとつ気が付いたことがあった。

「僕らは大きな企業でした。お金もあれば人材もいるので、小さな保育園なんか敵じゃないと高をくくっていた。でも、小さな保育園に勝てなかった。なぜか。

理由を突き詰めていくと、それは実にシンプルなものでした。その小さな保育園がしている毎日の保育活動が素晴らしいから。それだけです。こっちがいくらお金を使って宣伝しても、目新しいサービスを謳っても、全然勝てなかった。本質が素晴らしいものは、絶対に負けないんだということを身を以て知らされました」

本当に素晴らしい保育園とは何か。それは、そこで一日を過ごす子供たちが楽しく快適に過ごせること。欺瞞と傲慢を捨て、ただただ真摯に取り組んだ。結果、国も、東京都も許可を出さなかった保育園の申請に、ある市長だけが首を縦に振ってくれた。その後、事業は全国に展開するまで拡大した。

「あの時の経験があったから、小豆島でオリーブを育てようと考えた時に、ひとつだけ決めたんです。本質が素晴らしくて、誰もやったことがないことをやろうと」

小豆島でオリーブを栽培することにしたのは、奥さんが小豆島の出身で、奥さんの実家に滞在していた時に、たまたまオリーブを目にしたことがきっかけだった。

「それまで、オリーブのことなんて何も知らないですよ。オリーブオイルが大好きだったなんてこともない。ただ、ここでオリーブを育てて、それを買ってくれる人がいたら、それで生きていけるって思ったんですよね。

実にシンプルな生活です。自分が一生懸命打ち込めば、その成果も失敗も全部自分に跳ね返ってくる。だからこそ、夢中になれる仕事だぞって思ったんです。朝から晩まで夢中になって出来る仕事があれば、こんな幸せなことはない」

山田さんの言葉は、僕の胸のうちに巣食っていたモヤモヤをさっと拭い去ってくれるように気持ちが良い。

山田さんは、会社員の仕事は分業化していると言ったが、それは僕の仕事も同じことだ。例えば、広告の仕事一つとっても、何人も、下手をすれば何十人もの人が関わっている。それが、野球やサッカーのように同じフィールドでチーム一丸となって戦うのならば、全体は見えるし、個々の役割も明確になるのだが、そういった真の意味でのチームプレー的な仕事は少ない。むしろ、ここからここまでがあなたの仕事で、それ以外のことには口を挟まないでくれというような、個々の連携をあえて拒むような場合の方が多い。関わる人間が増えれば、考えることも異なるので、全体をまとめていくのが大変になるのはよく分かるのだが、結果的に、それぞれがバラバラになって作り上げていく仕事には相互のコミュニケーションを通じて練り上げていくようなグルーヴ感はなく、最大公約数的な可もなく不可もないような仕上がりになってしまうことが多い。

それは、仕事だけに限らない。むしろ、社会全体の仕組みそのものが、こうした分断を前提に設計されている。きっと、そうやってあらゆる個人を分断することで、利益を得る層がいるのだろう。

だが、そんな社会で起きたことのひとつが原発事故だったはずだ。すべての仕事を細切れにしたことで、誰も全体が見えない。そして、誰もが責任を取らない。取りたいと思っても、

どうすればいいか分からない。

『服従』というミシェル・ウェルベックの小説があるが、あらゆることが分断された社会では、誰もが何かに服従しなければならないのだ。それは、お金であったり、暴力であったり、世間であったり、権力であったり、宗教であったりする。そして、もちろん自分自身の欲望に対してでもある。

移住やワークシェアリングなど、多様なオルタナティブな働き方を捜し求める人が増えたことや、ＤＩＹという言葉に象徴される、身の回りのものから自分が暮らす家まで自分たちで作る人が増えたりしていることも、分断された社会への居心地の悪さを反映している。そして、こんなオールドスタイルな社会から自立しようと、山田さんが選んだのがオリーブだったのだ。

移住し立ての頃、息子と愛犬を連れて、あるオリーブ畑に行くと、突然、犬がすごいくしゃみをし始め、嘔吐までしてしまった。後から聞いた話で、それは農薬を散布した直後だと分かった。

「こんなに危ない薬を使ってるのか」

その後、島のオリーブ農家や、オリーブ製品を販売している企業に話を聞いていくと、日本ではまだ誰もオリーブの有機栽培に成功している人がいないことを知った。山田さんの心に火がついた。

「誰もが笑って馬鹿にするんですよ。『有機? 庭で作るにはいいんじゃない』『東京の人間はすぐそういうこと言うよな』って。で、『誰もやってないし、お前にも出来ない』と。そう言われ続けるほど、どんどんムラムラと『やってやる』って。保育園事業のときの感じが蘇ってきたんです。

しかも、聞くと、有機栽培が出来ない理由も分かっているんですよ。大抵の人が、アナアキゾウムシという害虫がいるので、農薬を使わないと育てられないんだって言うんです。それを聞いた時に『出来る』と思いました。

出来ない理由が分からないことをやるのは怖いけど、そういうわけじゃない。しかも出来ない理由が10も20もあるわけじゃない。ゾウムシをなんとかすればいいんだ。その一点突破で行こうと決めました」

そう言うと、山田さんは畑に置いてあったガラス瓶を手にした。中に5ミリくらいの灰色の虫が入っていた。

「これが、オリーブアナアキゾウムシで、オリーブの根元に卵を産みつけるんです。その幼虫に、木を一周グルッと齧られてしまうと、水や栄養を吸い上げる管が壊されて、木が枯れてしまうんです。だから、農家さんたちはゾウムシが来ないように農薬を使っていた」

山田さんは、天敵であるゾウムシの生態を徹底的に調べようと考え、あちこちの畑にゾウムシを採りに行っては自宅で飼い始めた。

「100匹も取ったんですけど、その内、車で通りがかるだけでゾウムシがいる畑といない畑が直感で分かるようになってきたんです。

その時、ハッと気が付いたんです。『ゾウムシがいない畑があるってことは、ゾウムシが来ない畑を作れるんだ』って」

調べていくと、ゾウムシは、乾燥と日当りを嫌うことが分かってきた。だとすれば、卵を産みつける根元を乾燥させ、日がよく当たるように工夫すればいい。オリーブは地中海の乾いた気候で育つ植物だから乾燥に強い。土から水分を抜き、枝を剪定し、根元を少し上げて植えることで日当りも確保した。ゆっくりとだが、ひとつひとつ試行錯誤しながら、着実に山田さんは有機栽培のステップを歩んだ。

だから、山田さんの畑には色々な仕掛けがある。例えば、ゾウムシの他に、オリーブの葉を食べてしまうハマキムシへの対策として、6箇所に点在する畑全てに敷いている芝生の種類を変えている。

「芝は自生の野芝が環境に合ってると思うんですけど、管理の仕方や、虫がどれくらい入ってくるかとか色んな点から西洋芝と比べているんです。

オリーブの栽培で判断に迷ったら、両方やればいいんです。そうすれば、どちらも結果が分かるから。片方が失敗したとしても、その分、オリーブを育てる技術は身に付く。そうして、痛い目に遭いながら、身に沁みながら分かったことっていうのは、応用も利くんです。だから、失敗するために色んなパターンをやりました。芝にしても2種類しか敷かなかったら、その内1回しか失敗出来ない。でも、8種類だったら7回失敗出来るわけですよ」

これだけを聞いていると、大して苦労することなく、順調にやってこられたかのように見えるが、そんなことはない。このハマキムシにしても、就農した当初は対応策が見つからず、

「毎日毎日、木を見て回って、一日千匹くらい潰してました。想像すらしてなかったですよ、そんなこと。朝から晩までプチプチプチプチ。潰しきらないと、次の日にまた葉っぱが食われるので必死でした。緑色にべたべたになった手を見て、このままでは、やっていけないんじゃないかと、不安になりました」

そんなある日、畑でクモやカマキリがハマキムシを食べている光景を目にした。

「そうか。全部、自分で潰すんじゃなくて、虫たちの力を借りればいいんだって気が付いたんです」

当初はカマキリの卵を畑に持ってこようかと考えたが、羽化してもカマキリの餌になるも

のがなければ死んでしまう。

「長いスパンで大きく考えるようにして、虫が勝手にやって来るようなフカフカの芝を作ればいいと。そういうオリーブにとってのいい環境を作る方に自分のパワーを全部集中させました」

その結果、というか、その答えを知るために山田さんがしたことが8種類の芝を敷くことだった。

「芝が出来ると、クモやカマキリ以外にも蟻や蜂まで来て、ハマキムシを食べてくれるようになったんです。虫は色んなことを教えてくれる、サインなんです。虫の個体数が多いということは、それだけオリーブの有機栽培に適した環境になってきたってことで、そこが豊かな状態になっているということ。畑はつながってるんですよ。『これで、まだオリーブを増やせる』って思えたあの時が、農家の自分にとってのターニングポイントでした」

本質が素晴らしくて、誰もやったことがないことをやる。そう決めてがむしゃらに走ってきた山田さんにとって、改めて有機農業とはどういうものなのだろう。

「僕がやりたいのは、この小豆島という自然環境と出来るだけ上手に付き合いながら、取り込みながら、小豆島だからこそ出来たオリーブというものを作りたいんです。有機栽培で気に入ってるのは、そういうことなんですよね。

農薬は、オリーブが生えている空間で、オリーブ以外の生き物を全部殺すんですよ。それは違うだろうと思う。僕の畑で作られたものは、小豆島の環境があったから生まれたオリーブ。だから、いい年もあれば悪い年もある。均一化出来るわけがない。極端な話、僕が育てていてもそれぞれの畑のオリーブは全部違う。

命なんていったらカッコいいけど、それぞれひとつずつ違う生き物を育てている。それがやりたいから、考えて、試して、失敗してを繰り返す。でも、そうしていく内に、僕もタフになるし、オリーブもタフな木に成長する。こんなにクリエイティブで面白い仕事はないですよ」

2013年の秋、山田さんは初めてオリーブオイルを作った。これまでは、収穫した実をそのまま販売していた。有機オリーブ栽培農家を志してから丸4年。オリーブオイルの販売はクリアすべき目標のひとつだった。口にした途端、青リンゴのようなフルーティーな香りが立ちのぼる、まろやかなオイルは、口コミだけで完売した。

「これが、今の僕の精一杯のオイル。まだまだ最高のオイルじゃない。でも、宣伝をしていなくても、お客さんが来てくれる。保育園事業の時の話じゃないですけど、本質が素晴らしければ、宣伝しなくても届くんです」

そう言うと、山田さんは、アナアキゾウムシをガラス瓶に戻した。「最初の年にオリーブを

100本植えた。それから毎年100本ずつ増やしてきた。今では600本になりました。その600本の木を365日、毎日、毎日、見て回る。ここの畑の木だと丸5年間分、ずっと見てる。途中で折れたとか、鹿に食われたとか長い間の記憶と変化を全部知っている。だから、それぞれの一本一本の木が全く別の木に見える。ここの畑にいることが好きなんです」

山田さんがいなければ、今でも日本に、有機栽培のオリーブは存在しなかったかもしれない。

茶

「これがお茶の味だと思います」

お茶農家――北村親二――長崎県・佐々町

たくさんの有機農家さんとお会いしてきた中で、オリーブの山田さんと同じように、北村親二さんは最も印象に残っている方の一人だ。

北村さんが有機農業への挑戦を始めたのは昭和44年。北村さん自身の言葉によれば、「有機農業なんて誰も知らない時代」だった。

昭和44年とは、前にも触れた日本一の米農家である遠藤五一さんが暮らす、山形県高畠町で、農耕詩人でもある星寛治さんが中心となって地域ぐるみの有機農業を始めた年でもあるが、日本で初めての有機農家たちが連携する団体、日本有機農業研究会が発足するのがその2年後であることからもわかる通り、本当に有機農業なんて言葉すら誰も知らなかった時代

である。

僕が印象に残っているのは、一見、どこにでもいそうな、朴訥《ぼくとつ》とした小柄なおじいちゃんの姿をした北村さんから、人間が本来持っているエネルギーとはどういうものなのかということを教わったからだ。何も北村さんが特別な才能を持っているわけではない。肝心なのは、自分自身の中に眠っているエネルギーを100%使うか、使わないかってことなんじゃないかと思った。北村さんの人間力を前にして、ただただ敬服した。同時に、自分自身の中のエネルギーがフツフツと熱く滾《たぎ》った。

勾配のきつい山道を登り切ると、緑の絨毯を一面に敷きつめたような茶畑の壮観な風景が広がった。

晴れた日には五島列島まで見渡せるという、長崎県北松浦郡・佐々町牟田原開拓地の山頂（標高360m）で、北村さんとその家族は暮らしている。あいにくの雨だったが、北村さんが自作の展望台まで連れて行ってくれた。

そこには、60年前の入植時を思わせる巨石がいくつも鎮座していた。当時、誰もがここへの入植を反対したというのが分かる。こんな巨石がゴロゴロしている土地から、誰が今の風景を思い描くことが出来ただろう。

「『こがんきれいになるとなら、売らなければ良かった』って土地を譲ってくれた方も言ってましたよ」と、北村さんは笑うが、入植した33戸の内、ほとんどの入植者が引き上げてしまったということからも、いかにこの土地が過酷な場所だったかが分かる。

北村さんは、昭和9年、長崎県平戸で農家の次男として生まれた。当時は、長男が家を継ぎ、次男以下は家を出るのが習わしだった。北村さんも中学を卒業し、県の茶業指導所で学んだ後、自分の土地を探し、ここへ辿り着いた。

「たまたま、じいちゃんの時代から地元の組合でお茶を作りよったんですね。そういうところを見て育って来たけん、お茶をやろうと。平戸でやる予定だったんですけど、土地がなかったんです。それで、茶業指導所に通ってる時に、ここを教えてもらったんです。

水もなし、電気もなし。何もない土地でした。それでも、私はとにかく嬉しかった。どんなに荒れてても。土地が欲しくて、お茶ば作りたくて、そのためにここに来たとですから。絶対にここでお茶を作ってやろうと思いましたね」

六畳一間の掘建て小屋でのお茶農家としての暮らしが始まった。お金もないし、食料になるものを育てる時間もないので、食べるものもろくにない。仕方なく、キノコや自然薯《じねんじょ》など山に自生している野生のものを食べて飢えを凌いだ。とにかく貧しかった。

それでも、ひとつだけ決めていたことがあった。

自分の名前でお茶を売ることだ。産地の名前ではなく、下請けでもなく、北村という自分の名前で茶を作り、北村という自分の名前で販売までしよう。自園茶としてやっていこうと決めていた。

「ここら辺りでいえば嬉野茶とか八女茶とかああいう大きな生産地であれば、土地の名前で売り出しても良かったんですけど、ここは生産地ではなかったので、自分の名前で売っていこうと思ってました」

こうして書いていくと、スラスラと北村さんが語ってくれているように思えるかもしれないが、実際にお話を伺っている時の北村さんは、こちらの質問を聞くと、しばらくじっと押し黙り、ポツリポツリと言葉を選ぶようにして話す。そこには、有機農業の第一人者であるといった自負もなければ、自身の成功譚を語る高揚もない。

入植から3年後、北村さんのお茶作りは、ひとりからふたりになった。鹿児島出身のサツ子さんと結婚した。

サツ子さんは、毎日、4キロ先の川まで水を汲みにいった。ふたりで、朝5時から、夜中の12時までひたすら働いた。

「家内にも大分苦労させましたね。少し畑をしてサトイモだとか色んな野菜を植えて、それを市場に持って行ってね、お金に換えたりして、大変じゃったですよ」

結婚から2年後、長男の誠さんが誕生。その5年後に次男の正紀さんが生まれた。子供たちは成長するにつれて、自然と両親の仕事を手伝うようになった。サツ子さんは言う。

「私は、2人の子どもに励まされて、やってのけてきたって思います。その頃はまだ工場も小さかったけんですね、どうしても徹夜になりがちだったとですよ。

子どもには『学校のあるけん休みなさい』って言っても寝切らずにですね。一生懸命手伝ってくれました。私が疲れたり、具合が悪かったりすると、『お母さん、僕たちが大きくなったら一生懸命手伝うけん、泣かんで頑張ってね』って」

現在、北村製茶の取締役を務める長男の誠さんは当時の様子をこう語る。

「よその農家は収量が上がると『豊作貧乏でつまらん』って言う。収穫が悪いと『今年は穫れんかった。つまらん』って言う。いつも『つまらん』って言ってる。ところが、ウチは穫れないときは『来年は穫れるぞ』、収量が上がると『たくさん売っていいぞ』って。

貧乏してるくせに、いつか良くなるってことばかり言ってるわけですよ。そう言われ続けてると、お茶屋っていいものなんじゃないかなって思うようになるんです。

『考えてみい。100gで100円にしかならんかもしれんけど、100gで1万円になるのもお茶だけだ。お茶は工芸作物なんだぞ』って。

だから、親が可哀想だから手伝おうという気持ちではないんです。いつか認められる日が

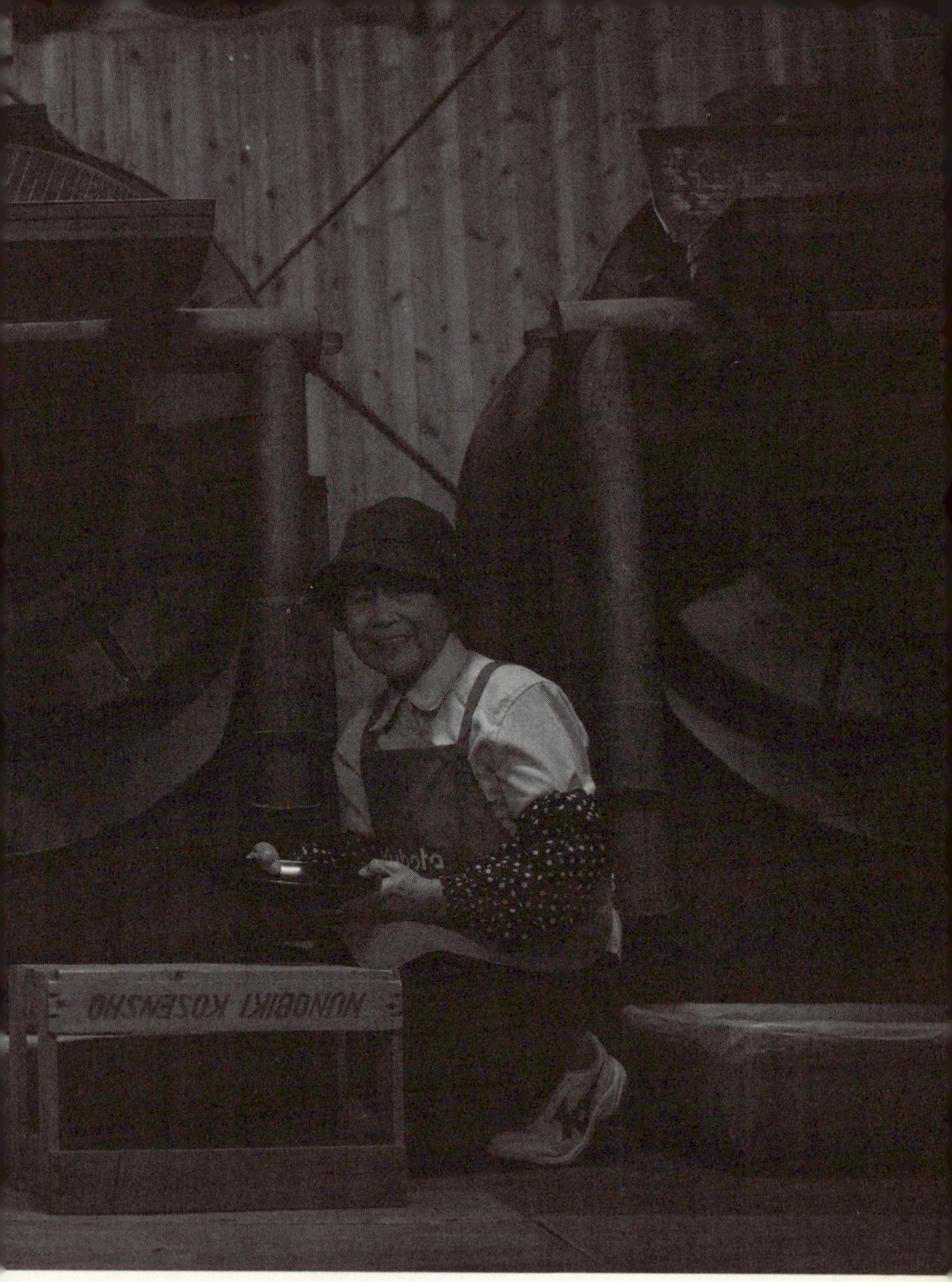
NUNOBIKI KOSENSHO

来るだろうと思って、一緒に仕事をするようになったんです。とにかく両親ともに、弱音も愚痴も言わなかった」

「お茶は工芸作物なんだ」——息子に語った言葉からは、僕のような取材者には見せない、北村さんの不屈の姿と気迫が迫ってくる。同時に、40年以上も前に、すでに、お茶農家としてのクラフツマンシップの誇りを持ち、生産者としてローカルから発信するスモールビジネスを体現していることに驚かされる。

家族をつないでいたのは手塩にかけて育てたお茶を収穫するときの喜びだったと、北村さんは言う。

「『これだけしか穫れなかった』というよりも『これだけでも穫れて良かったじゃなかね』って。感謝っていうのかな。とにかく収穫の喜びをね、家族で分かち合った。それをずっとやってきた」

そんな父を語る次男の正紀さんの言葉はもっとストレートだ。

「親父は神的な存在です。いくら怒られても、ひとりの人間としてすごいと思います。大体、二十歳かそこらで、こんな山の中に登ってこないですよ。鍬1本、腕ひとつでね」

こうして、北村さんのお茶作りは、ふたりから4人になろうとしていた。そして、家族みんなでのお茶作りによって、ようやく生活は安定し始めていた。ところが、そんな矢先のことだ。兼ねてから付き合いのあった地元生協から新たな依頼が来た。

「無農薬でお茶を作ってくれないか」

依頼に応じた農家は一軒もいなかった。北村さんを除いて。


生協から無農薬でのお茶作りの依頼が来たのは、昭和44年のことだ。

「『有機農業』なんて言葉もない時代でした。一か八かっていうことはありました。それでも茶を作ったら買ってもらわなきゃいけない。ということは、お客さんの要求に応えないとやっていけない。だから『買ってくれるなら作る』と。生活がかかっとるもんけんですね。高い志で『世のため、人のため』ってことじゃなくて、自分のためでした」

当然、有機農業にまつわる資材も世の中にはなかった。肥料ひとつにしても、自分で一から作らなければならなかった。全てが手探り。上手くいくかどうかなんて誰にも分からない。一世一代の大バクチだ。僕なら、絶対にビビってベットできない。それでも北村さんはお茶農家であることを捨てなかった。

「有機農業をするなら土を育てないといけない。それが第一ですね。それで、藁や茅を刈って堆肥を作って土の中に入れていきました。ただ、化学肥料と違って、効果が出るまでに長い時間がかかる」

有機農業を始めて、収量は以前の1／3にまで激減した。しかも、それが5年間も続いた。ようやく見えてきたはずの安定はまた遠ざかった。家族4人、自分たちの稼ぎだけでは生活出来ないほど困窮した。

「自分たちが食べるのを辛抱して、米ぬかとか油かすとかの有機肥料を買っていました。一時は地獄だった」とサツ子さん。

誠さんも「街を歩いていると『農薬と肥料を買えない人』って指差して笑われました」と話す。

そんな時に力を貸してくれたのが、北村さんに有機栽培での茶作りを頼んだ生協や、消費者たちだった。

「米、味噌、醤油から持って来て食べさせてくれたお客さんたちもおりますからね。くじけそうになっても、その人たちの顔が浮かんで、負けていられないという気持ちになりました。有機農業でお茶を作るという約束だけは絶対に守り続けようと思っとりました」

サツ子さんが「当時の味は苦みと渋みだけで、旨味がなかった」と言うお茶でも、お客さんたちは買い続けてくれた。お客さんの気持ちに北村さんが応え、北村さんの行動にお客さんが応える。これが映画ならここまでで十分な物語だ。ところが、自然相手に人間の筋書きは通用しない。茶葉の病気と害虫が大量に発生した。

「お茶で一番怖いのは炭疽病《たんそびょう》です。葉が真っ赤にただれたようになって、一晩で畑全体にひろがってしまう。収穫間近にやられたこともありました」

農薬を撒いたらどんなに楽だろうと何度も思った。

「それでも、有機農業っていうのはごまかしがきかない。それに、絶対に嘘は言われん」と自分を奮い立たせた。そして、普段の生活の知恵を畑で活用することを思いつく。

「畑に酢を撒いたときは他の生産者から『馬鹿じゃないか』と言われました。でも、夏の酢の物は身体にいいし、病気もしないから。他にも、昔の人が腹下しにドクダミを使ったことを思い出して煮出して使ったり、スギナなんかも、あれで鍋を磨くときれいになるとですよ。それを利用して、消毒用に使ったりね」

驚くのは、これだけの努力を日々続けてお茶作りしているのにもかかわらず、北村さんのお茶の単価が有機栽培を始めた当時から変わっていないことだ。金額を上げようと思ったことは一度もないという。それは、一番苦労した頃からずっと付き合い続け、支え続けて来てくれたお客さんとの関係を大切にしているからだ。

「やっぱり、あの頃からのお客さんのためにはね。身内よりも大切にするというような感じですよ。お金よりも、いかに無農薬で有名な産地のお茶に追いつけるような味が出るかってことだけを一生懸命にやっとったから」

お茶の味を仕上げるのはサツ子さんの仕事だった。今でも、ほうじ茶はサツ子さんが仕上げている。

「どんなに辛いことがあっても、火入れするときは何も考えない。熱中するわけですよね。手を入れて茶に触って温度で覚えて、その時の香りで覚えて、そして何回も飲みしてですね」とサツ子さんは言う。

当初はやぶきた一種類だった。そしてやぶきたが美味しく作れるようになると、品種を増やし、3つの品種をブレンドするようになった。家族みんなで意見を出し合った。

どこにでもあるような深蒸しとかではなく、「これが北村の味だ」と分かるような特徴のある火入れをするようになった。すると、少しずつではあるが、有機栽培だからということだけでなく、お茶の味に魅かれて北村さんのお茶を求める人が増え始めた。誠さんは、東京の百貨店を回った時、こう言われたという。

「一般的なコクとか青臭さとは違う。太陽の光みたいな味がする」

いつの間にか北村さんのお茶は「北村もの」と呼ばれるようになった。

「火香が強めの味というんですかね、私が子どもの頃に飲んでいたお茶の味に近いかもしれない。今のお茶のように、旨味だけを出すことはしません。自分たちで作った堆肥を土に入れて、じっくりじっくり土を育てて来ました。それがようやく実って来たんだと思います。

じんわりとした、これがお茶の味だと思います」

有機農業を始めて、およそ45年もの長い時間がかかった。サツ子さんが、畑から茶葉を持って来て見せてくれた。

「葉っぱがこがんなったの。(一般的な栽培と比較して)3倍近い大きさがあります。これを見て『やっと辿り着いたかな』と思ったとです」

主に長男の誠さんが営業を始めとする対外折衝をし、正紀さんが畑を預かる。2人のお嫁さんと孫たちも一緒になって「北村もの」を作ってきた。農林水産大臣賞を始め、いくつもの栄誉ある賞も送られるようになった。そして、平成24年、農業では滅多に受賞出来ないといわれている黄綬褒章が北村さんに授与された。天皇、皇后両陛下から直接、お言葉を賜《たまわ》った。

「最初に(受賞の)報せを聞いた時は、声が出ませんでした。呆気にとられました」と、北村さんは笑う。そして、「ずっと、家族が心の支えでした。家に帰れば家族がいる。それだけです」と静かに付け加えた。帰り際、サツ子さんが言った言葉が忘れられない。

「これでよかとよ」

3 畑に立つ

どこからか、春を告げる雲雀《ひばり》の鳴き声が聞こえてくる。

空を見上げる。

青くて大きな空。目に入ってくるのは、山の稜線。立ち並ぶ古い家屋。これまでの自分ならば、何の刺激も受けず退屈しか感じなかったはずの光景が、どうしてこんなに新鮮で輝いて見えるのか。

初めて春を迎えたばかりの畑に立った、あの時の新鮮な気持ちは今でも忘れられない。

ホウレンソウの味に衝撃を受けて、すぐに、ワークマンに行って長靴と手袋を買った。

仕事の合間を縫って、油井君の畑に通わせてもらうことにしたからだ。

初めて入ったワークマンも楽しかった。手袋ひとつとっても、土木用とか園芸用とか細かな用途に分かれていて、それぞれのスペックを見ているだけでも面白い。現場で働く人たちからのフィードバックを大切にしているのだろう。素材や厚みの違い、防水性や防湿性のあるなしなどなど、それぞれの商品が丁寧に作られている。下手なアウトドアブランドのウエアやギアなんかよりもずっと実用的だ。楽しくなって、店内中を見て回った。

そんな風にして買ったばかりの真新しい長靴と作業用の手袋を着けると、気分だけは一丁前の農家だ。畑へ遊びに来たお客さんとしてではなく、野菜を育てる一人として、初めて畑に立った。

ぽかぽかとした陽射しに包まれた畑を眺めていると、冬の間、じっと寒さに耐えてきた畑が、風呂にでも入っているかのように、じんわりじんわりと土の奥から息を吹き返し、少しずつゆるんでいって、穏やかな顔つきに変わってきたように思える。こう書くと笑われそうだが、僕には、土が微笑んでいるように見えた。

「さあ、耕してくれ!」とでも言っているかのような、エネルギーに満ちた畑のバイブレーションが僕らに伝わって来る。それは、周辺の森の木々や、空を飛び交う鳥たちにも伝わっているようで、畑を取り囲む自然のすべてに生命力が注ぎ込まれているような、目には見えないけれど、何かとてつもなく大きな愛に包まれているような歓びを感じる瞬間でもある。

畑とその周辺だけ、空気の解像度が桁外れに高くなっているように思える。ブラウン管と4Kテレビの画像の違いくらい、目の前の畑が空気の粒子が見えるくらいクリアに抜けている。これも土が発する生命力の影響なのかもしれない。

だんだんと、畑や周りの自然と自分の境目がなくなって溶け合っていくような、初めての心地良い感触だった。春の畑は、こんな風に喜びに満ちている。

だから、僕は、今でも春の畑が一番好きだ。


「じゃあ、今日は畝《うね》を立てましょうか」

油井君はそう言うと、iPhoneを取り出して音楽を流し始める。油井君が畑で使う道具は、使い込まれた鍬やスコップやハサミや鎌などアナログなものばかりだが、iPhoneも欠かせない道具のひとつで、いつも音楽をかけながら作業する。大抵は、お気に入りのレゲエを流している。ゆったりとうねるリズムは、畑によく合う。

そして、まず、油井君が畑の表面に鍬でうっすらと線を引いた。その引かれた線に沿って鍬を入れて、溝を作っていくのが今日の作業だ。

ジャガイモを植えるための準備作業なのだが、これをすると、畑全体に凸凹のラインが出来て、水はけが良くなる。

野菜を育てる上で、最も気を付けないといけないことの一つが、畑の水はけを良くすることで、水はけが悪い土では十分に野菜の根が育たないからだと教わった。盛り上がった部分（畝）が種を蒔く場所になり、雨水などの必要以上の水を横の低くなった溝の部分に誘導して染み込ませていく仕掛けとなっている。農家の人たちの言葉では「畝を立てる」と言うのか。ちょっとした業界用語を知ると、何だかプロっぽい気持ちになってテンションが上がる。

僕が任されたのは、10ｍ四方程度の小さな畑。そこに、40ｃｍくらいの間隔をあけて、端から端まで溝を掘っていくので、大体25本くらいの溝を掘ることになる。

機械を使えば、あっという間に終わるこれくらいの作業も、人力でやるとなると、なかなかに手強い。一本目の溝を5ｍほどまで掘り進んだ時点で汗が噴き出してくる。始めてから5分も経っていない。着ていたネルシャツを脱いで、下に着た長袖のTシャツの袖もめくる。それでも、汗は次から次へと噴き出してきた。そうして、3本も溝を掘った頃には、腰が痛くなってくる。たまらず、背を反らして腰を伸ばしてる僕を見て、油井君は笑って言った。

「ゆっくりやりましょう」

油井君は、よく、こう言う。

「ゆっくりやりましょう」と、初めて言われた時は、こちらへの気遣いの言葉だと思ったの

だが、その後も、例えば、新しく畑を借り受けた時もそうだった。その畑にどんな作物が適しているか分からないので、まずは色々な野菜を試験的に育ててみるのだが、上手く出来る野菜もあれば、全然育ってくれない作物もある。そんな時、僕は「ああ、せっかく頑張って育ててきたのにな」と、ガックリしてしまうのだが、油井君は「すぐには答えは出ないですから。まあ、ゆっくりやりましょう」と言う。

農薬も化学肥料も使わないで、土の力だけで作る油井君の農業には、近道や抜け道はない。

「冬に穫れたニンジンが甘みが濃くてメチャメチャ美味かったんですよ。自分が育てたっていう親バカな部分を差し引いたとしても、よく出来たなって思って。やっぱり、肥料をあげない方が、自分で根っこを張って養分を貯めるので美味しく育つんですよね。

だから、野菜って育てるっていうよりも、野菜そのものが気持ち良く育つような環境を整えてあげるというか、畑とか周りの森とかの自然の循環の輪の中にその野菜が上手に入っていけるような手助けをするのが自分の役割なんだなって思うようになりましたね」

油井君がそう話すのを聞いて、日本一の米職人・遠藤さんとの会話で頭に浮かんだメディスン・ホイールのことをまた思い出した。毎日、毎日、毎年、毎年、めまぐるしく変わる天気や畑と向かい合う農家としての日々が、自然と油井君にこうした哲学的な考え方や姿勢をもたらしたのだろう。

太陽や雨がなければ作物は育たないが、逆にそれらが多すぎても、作物は育たない。といって、自然には逆らえない。だから、今日、たった今、出来ることをやる。無理をすれば、自分も、畑も長くは続かない。過ぎた昨日を振り返っても始まらないし、予測もつかない先のことを考えて焦っても始まらない。そうして毎日をゆっくりと積み重ねていく。その結果として実りがもたらされることになる。

だから、油井君の「ゆっくりやりましょう」は実に味わい深い言葉で、普段の仕事でも随分と助けられた。

どうしてもすぐに結果や答えを求めようとして、バタバタと気持ちばかり急《せ》いている自分に気付く。そんな時、おまじないのように「ゆっくりやりましょう」と頭の中で唱えると、すーっと気持ちが落ち着くようになった。

それまでは、自分がその時にいるその場所のことしか考えられなかったのが、畑で時間を過ごす内に、僕の中で、自分が暮らしている都会と、畑がある田舎というような区別がなくなっていったことも大きかった。むしろ、都会も田舎も結局は同じ空の下で繋がっているんだから、区別することの方がおかしいのだ。

農業をやるなら、田舎に移住しなきゃとか、そんなに自分でハードルを上げる必要なんてない。農業自体だって、農家にならなきゃなんて悩む前に、こうやって気の合う農家の人たちと出会ったら、空いている時間に手伝わせてもらえばいい。

僕は東京も好きだし、相模湖や藤野も大好きだ。本の編集をしたり原稿を書いたり、広告を作ることも好きだし、畑で土を触っているのも大好きだ。だったら、全部やっちゃおう。好きなバンドのライブに行くように、好きな畑で思いっきり汗をかいてみよう。

こうして書いてみると、実に簡単なことなのに、どうして今までやってこなかったのか不思議だった。自分で自分の人生をものすごく狭い視点でしか捉えていなかった。身体ではなく、自分の精神が入念なマッサージを受けた後のように、深くリラックス出来るようになった。

それともうひとつ。この「ゆっくりやりましょう」精神で作業をしていると、ひとつひとつの作業が丁寧になる。こうして、溝を掘って畝を立てることだって、「今日中に、ここからあそこまでやろう」と作業量に意識を向けてしまうと、それをこなすことだけを考えるのだが、「ゆっくりやりましょう」精神でいると、畑の状態をじっくりと観察しながら作業するようになる。

土への鍬の入り方が同じ畑の中でも微妙に違うことが分かれば、土の状態についてもイメージ出来る。そうすれば、種を蒔く時期をずらしたり、育てる野菜の種類を変えたりすることを思いつく。だから、端から見ていた時は、農家といえば、いつも一言も喋らずに黙々と作業をしているイメージがあったのだけれど、本当はその反対で、実に雄弁に畑と会話をしていたのだなと、今なら思えてくる。

なにせ、相手は人間と同じように命ある生き物だ。畑の土にしろ、野菜にしろ、みんなそれぞれの個性があるし、日々変化している。だから、じっと耳を傾けないといけない。そうしないで、自分の都合だけを押し付けようとしたって、そっぽを向かれるだけだ。しかも、厄介なことに、土も野菜も人間の言葉で話してくれるわけではない。だから、こちらが、土や野菜の声が聴こえるようになるまで五感を研ぎ澄まさなければならない。油井君が言った。

「明後日の夜から雨が降りそうなので、それまでにジャガイモ以外の野菜の種蒔きもしておかないと」

天気予報を見つつ、実際に空の様子や風の吹き方などから雨が降るタイミングを計っている。種を蒔いて雨が降ると、土に程よく水分が保たれるので発芽しやすいそうだ。まさに雨降って地固まる。早く発芽すれば、種を鳥に食べられることもないという。なるほど、すべてが理にかなっている。

雨を待つ油井君を見ていたら、沖合で波待ちをしているサーファーたちの姿が思い浮かんだ。

surferは、1枚のボードで海へ漕ぎ出し、波と対話する。他にも、climberは、1本のピッケルで岩を削り、山の頂きへ登る。runnerは、一足の靴で地面を蹴り上げ、街や自然を駆け抜ける。

彼らはアスリートとしてリスペクトされたり、ファッションやカルチャーの面から注目されたり、一つの生き方として認知されている。だけど、ちょっと待てよ。それに対して、農家はどうだ。農家っていう言葉だと古臭いイメージも浮かぶので、他と同じようにfarmerと英語にしてみよう。

farmerは、1本の鍬で大地を耕し、1粒の種で作物を育てる。

しかも、そこで生まれた生命は、僕たち自身の生命を育む糧になる。

これをクリエイティブと言わずに、何がクリエイティブと言えるのだろう。人間が生きることの本質そのものを日々掴み取るのが農業なのだ。だから、farmerとは、生計を立てる仕事でもあるが、同時に、ひとつの生き方であり、哲学なんだ。

夕方になって、ようやく、すべての溝を掘り終えた。クタクタだった。それでも、振り返ると、仕上げた畑があった。達成感と、ほんの少しでも野菜が育つための力になれたこと、色んな「嬉しい」の感情がグラデーションになって、心の中で輝いている。サーフィンでも、山登りでも、マラソンでも感じたことがないほどの輝きだった。

もう少し、油井君のことについての話をしよう。

4 新規就農者のユウウツ

油井君は宮城県の角田《かくだ》市で生まれた。

実家では、公務員をしていたおじいさんが、戦後間もなく農業関連の部署に勤めていたこともあり、自分でも畑仕事をしていたそうで、親父さんもそれに倣って畑仕事をしていた。油井君も小さな頃から手伝いをしていたという。

「売るとかではなく、自分たちで食べるものを育てるっていう感じでした。小遣いをくれたので、それを目当てに畑にはよく手伝いに行ってました。

作業は本当にきつかったです。だから、子供の頃から、当たり前に農業が身近にあったので、それをあえて仕事にするっていう考え自体が浮かんで来なかったですね」

ただ、高校を卒業しても、地元に残って就職しようとは考えなかった。

「変な言い方になっちゃいますけど、地元に残ると、就職して、結婚するくらいまでがピークなんですよ。結婚したら、後は、年を取っていくだけっていうか。そういう生き方は面白くないなって思って、上京してきたんです」

子供の頃は剣道に夢中だった。

小学校6年生の時には、日本武道館での全国大会にも出場したほどの腕前だ。だが、あまのじゃくな性格のせいか、中学生になると剣道への熱は一気に冷めたという。その分のもて余した体力は、おそらく地元での、なかなかにやんちゃでイタズラな日々に費やしていたんだろうが、それも高校生になると飽きてくる。もっと、大きな世界で自分を試したい。竹刀一本で、全国の猛者とぶつかり合ったように、今の自分に何が出来るのかさっぱり分からなかったけど、思い切り自分をぶつけられるものを探していた。

「レストランやバーで働いたり、洋服のショップをやったりもしたんですけど、しっくりこなかったですね。しかも、東京も肌に合わなかった（苦笑）。

そんな時に、藤野のことを思い出したんです。以前から、何度か遊びに来たことがあって、そこで、DJや音楽を作ってる人たちと出会ったんですけど、彼らと過ごした時間が面白かったんですよね。それで、じゃあ、一旦、何をやるかよりも、どこで暮らすかを決めようと思って、藤野にいい物件がなかったんで、隣町の相模湖に引っ越してきたんです」

すでに結婚して、二人の子供もいた。貯金は大してなかった。だから、すぐにでも仕事を見つけなければならない。でも、どんな職種でも誇りを持てる仕事をしようということだけは決めていた。

「人からは、社交的とか明るいとか言われるんですけど、実はメチャクチャコンプレックスが強いんです。見た目とかそういう外見上のコンプレックスではなくて、『何者でもない自分』ていうか、自分が存在してる意義みたいなものを持てないっていうことへのコンプレックスっていうか。

それは、藤野に惹きつけられたことの裏返しでもあるんですけど、藤野で出会った人達っていうのは、みんなそれぞれがやりたいことを持っているんです。例えば、万華鏡作家とか、ミュージシャンとか、料理人とか。

みんな『俺は、これだ』っていうのがあるんですね。そんな彼らと出会って、自分を振り返ってみると、自分には『これだ』ってものがなかった。だから、みんなが輝いて見えたし、自分もこういう人達のコミュニティで暮らしたいし、そのためには、自分だけの『これだ』を見つけないと、胸張って付き合えないなって」

この感覚はすごくよく分かる。僕自身、出版社で編集者として働いていた時に、カメラマンやデザイナーなど、自分自身の「これだ」を持って仕事している才能に溢れた人たちと一緒にいると、まさに油井君と同じような気持ちに悩まされた。

いくら編集者とはいえ、こちらは一介のサラリーマンに過ぎない。夢中で写真やデザインについて喋る彼らを前に、「俺はこの人と同じくらい雑誌作りに情熱を持っているだろうか」と自問自答を繰り返していた。そして、そんな不安を吹き飛ばすように、がむしゃらに雑誌作りにすべてのエネルギーを注いだ。給料のほとんどを雑誌や本やCDに費やして、いつも新しい企画を考え続けていた。

自分が凡人だということは彼らと付き合うようになって、発想ひとつとってもアイデアの面白さが全く違って唖然とすることもしばしばだったので、痛いほど分かっていたから、余計にそうして、自分を駆り立てていないと、自分がここにいる必要がないと思っていた。だから、油井君の、その当時の焦りとか不安とか苛立ちとかは、かつての僕自身も抱えていた葛藤そのものでもある。

なかなかピンとくる仕事が見つからず、油井君の焦る日々が続いた。そんな時に、たまたま、有機農業の生産法人の募集を見つけた。

「とりあえず、見学に行きました。その時は、そこで働こうとは思ってなかったですけど、農業生産法人ってどんな所なんだろう？　くらいの好奇心だけですね。

でも、その見学の時に、そこで育ててる野菜を食べさせてくれたんです。そうしたら、美味かった。その時に、高校生の時に、交換留学生としてカナダに行ったときのことを思い出したんですよ。

勉強は出来なかったんですけど、ただただ海外に行ってみたいと思ってたので、なんとか交換留学生の枠に滑り込んで、カナダに行ったんです。そこで、現地の高校生たちと一緒にレストランに行ったんですけど、たまたま入ったレストランで食べたニンジンがメチャクチャ美味かったんです。じいちゃんや親父の野菜だって美味かったんですけど、それ以上でした。ビックリするくらい味が濃くて、青臭さがなかった。

そのニンジンを、見学に行って野菜を食べた時に思い出したんです。で、もしかしたら、ここで研修していけば、『カナダのニンジンを作れるかもな』って思ったんですよね。それで、研修生として働くことに決めました。

単純に、そこでやっているように、農薬をまかないで作れば、こんなに美味しい野菜が出来るんだってことに気が付いた。じゃあ、僕も農薬を使わないやり方で野菜を育ててみたいって思った。農家としての始まりって、たった、それだけのことなんです」

ところが、油井君の思いとは裏腹に、研修先では、農業の技術や知識はほとんど教えてくれなかった。研修生というよりも、一人の労働力とみなされ、「今日は、ここからここまで、こういう作業をしてくれ」と、言われた作業をこなすだけの日々だった。

毎朝、早朝から夜までクタクタになるまで働いた。それでも、自分が農家として成長している手応えが全く感じられない。こんな調子で、この先、農家として独立できるんだろうかと、不安しかなかった。そんな日々が、約1年半続いたある日、代表に呼ばれた。

「その法人の経営が危うくなってきちゃって、ある日、突然、『みんな、それぞれでやってくれ』って言われて、研修生が全員、放り出されることになったんです。耳を疑いましたよ。俺たち、これからどうすりゃいいのって。

唯一、まだ助かったのは、研修時代に使っていた畑をそのまま借りられたことです。畑って、同じ地域でも、一つとして同じ畑はないじゃないですか。作ってきた作物の履歴も違うし。この畑は、火山灰が積もって出来た地層なんで水はけもいいし、黒土なので、土にも恵まれてます。野菜によっては、ここまで根を張るかっていうくらい成長します。

とは言っても、まともに技術も経験も積んできていないのに、いきなり独立しろって。腹も立ちました。でも、そう言われちゃったら、もう自分たちでやるしかないじゃないですか。だから、一緒に研修を受けていた仲間と二人で一緒にやっていくことにしました」

そんな事情から、油井君が組んだ相棒の農家が、内田君だ。元ダンサーで髪型をアフロへアにしていて、一度見たら忘れられないインパクトがあるのに人見知りな性格という不思議なパーソナリティの持ち主で、社交的な油井君とは対照的、僕も知り合ってしばらくの間はあまり話もしてくれなかった。

畑でも無駄口を叩いている僕と油井君の横で、黙々と作業をしている。ただ、その仕事ぶりは、実に職人的で、動きにも無駄がない。例えば、草取りひとつにしても、ヤンキーみたいなウンコ座りをしてやっていると、たちまち両足と腰がきつくなる。そんな僕を見て「片足だけ膝をつけて、適度に足の位置を変えながらやっていくと疲れにくいですよ」と的確なアドバイスをくれる。

実際に、内田君に教わった動き方に変えると確かに疲れにくくなった。

農家には農家ならではの所作があるのだなと思った。

そう思って、ひとつひとつの作業を振り返ってみると、農作業が筋トレにも繋がるように思えてきた。

例えば、畑を耕すために、鍬をザクザク打ち込む動作。それまでは、力任せに腕の力だけでブンブン振り回していて、翌日は確実に筋肉痛になった。それを、背筋に力を入れ、肩甲骨を意識しながら鍬の重量だけで軽く振り下ろすようにしてみる。すると、腕だけでなく、上半身の筋肉が連動して、血の巡りが良くなるようだ。鍬を打ち込んでいく内に、どんどん呼吸が深くなっていく。

土のザクザクとした感触がリズムになって、余計なことを考えなくなる。ある種のトランス状態で、どんどんハイになっていく。種を蒔くときも、あえてスクワットするように動くと、腿の裏側の筋肉であるハムストリングスがガンガン刺激されて下半身に力が漲ってくるのを感じる。里山の自然に囲まれた畑で体を動かすことは本当に気持ちが良い。どんなジムでも、こんな最高の環境はないだろう。脳トレならぬ、農トレだ。

農業は、野菜を育てるだけじゃなくて、それをする人間の肉体も育ててくれる。

それに、何よりも土を触っていると圧倒的な多幸感に包まれる。

以前に、自閉症の子供への治療の一環として陶芸を行っている人がいると聞いた。土をいじると、脳が活性化されて自閉症の症状改善にも役立つらしい。詳しい説明は忘れたが、要は、土に触れて幸せを感じることは本能なのだ。

だから、一日の作業を終えると、決まって温泉に浸かっているような、体全体がじんわりと温まったようなほっこりとした穏やかな気持ちになった。そんな時に、綺麗な夕焼けでも出ていれば最高だ。

そうして、勝手な楽しみを見つけて畑へ通う日々の中、オープンな性格で自分たちの野菜を外へアピールする油井君と、地道な作業をきっちりこなし野菜のクオリティを保つ内田君は、いいコンビだなと思った。見た目も性格も正反対な二人だが、農業への情熱が二人を結びつけていた。こうしてお互いが足りない部分を補完し合っていけば、数年先には有機農家としてそこそこの規模まで展開していけるように思えた。

嬉しいことに、初めて二人で育てたニンジンがとても美味しかった。油井君は話す。

「たまたまなのかもしれないけど、すげえ美味しかったんです。下手するとカナダに近くなったかも、いや、カナダ越えたかもって。研修先の会社のよりも美味かったです。

でも、どうしてこんなに美味いのができたのかわかんないんです。ニンジンは肥料はあげない方が美味しく育つということは知ってるんですけど(笑)。それは、自分で根っこを張って養分を蓄えるからなんですね。で、そのためには、しっかりした土作りが必要なんですが、幸い、土作りだけは研修時代から合わせれば3年以上続けてきたので、そのおかげなのかもしれません」

二人が育てたニンジンのことは、あっという間に藤野のコミュニティに広がった。個人のお客さんからレストランまで、たくさんの注文が入った。規模としては全然小さかったけど、安心で安全で、何より美味い野菜を普通の金額で、地域の人たちに手渡すことが出来たことが、二人にとって何よりも嬉しいことだった。

油井君に関して言えば、これで、ようやく引っ越してきて以来、悩まされ続けてきたコンプレックスも打ち負かせられるようになったのではないか。少なくとも、油井君と内田君じゃなければ、このニンジンは世の中に存在しなかった。農家としての自分たちにちょっとだけ誇らしい気持ちも芽生えたように思う。

実験的に育てたパクチーもいい具合に育った。

「東南アジアの暑い土地で育ってるってイメージだったんですけど、この冬の寒さにも耐えて生き残ったんですよ。ホウレンソウと一緒で、暖かい時は葉を立てるんですけど、寒くなると、葉を下げて畑に寝そべるようにしてジッと耐える。その分、味が凝縮されて濃厚な味になるんです。西八王子のネパール料理屋さんの人に『これはスゴく美味しい』って言ってもらいました。

こうして、近場や顔見知りから、口コミとかでどんどん広がったり、紹介してもらったりしていくのが、一番確かだと思ってます。顔見知りだからこそ、コミュニケーションがしっかり取れるので、時間はかかっても信頼関係が結べるじゃないですか。それに、野菜って生ものですよね。だから、逆に言うとですけど、葉っぱがピンとしてないといけないとか、ちょっとでも茶色くなってたらダメとかっていうような価値観も、コミュニケーションを取りながらお付き合いさせてもらえると、変わっていくお客さんが多いんです。

天候には本当に苦労させられてますけど、こうして周りに支えてくれる人たちが出てきてくれたことで、なんとかなっていければなって思ってます。少なくとも、ちょっとの量ですけど、美味しい当たり前の野菜を手渡すことができたのが嬉しいいし、なんだろう、楽しいんですよ」

自分のことのように嬉しかった。僕に出来ることは、畑の草抜きとかの単純作業くらいしかないけど、また、早く畑に来て、二人と一緒に農作業をやりたいなと満ち足りた思いで家路に着いた。

ところが、そうして油井君の畑へ通いだしてしばらく経ったある日、内田君が農家を辞めていた。

突然のことだった。ある日を境にプッツリと畑に来なくなってしまったと油井君に聞いた。だけど、思い返せば、それまでに前兆はあった。いつも3人で定食屋で昼ご飯を食べていたのだが、そんな時、話すのは決まって、二人の農家としての未来像についてだった。思うように野菜の収穫が出来なかったり、せっかく育てた野菜もスーパーで買い叩かれたりする毎日に、内田君は疲れ切っていた。

「今は、新規就農者に与えられる給付金があるからなんとかやっていけるけど、それがなくなったらどうなるか分からない」と不安を口にしていた。

専業農家として新規就農すると、国から年間150万円を5年間給付されることを二人の会話で初めて知った。とはいえ、そのお金は、たいていの場合、農機具代などの新規就農するにあたり必要となる初期投資にほとんど費やすことになる。極端な話、鉛筆と紙さえあれば始められる僕の仕事とは違って、農家になるにはお金がかかるのだ。

そうなると、いきなり、プロの農家として生活費を稼げないとやっていけない。それに、二人は研修先から畑をそのまま借り受けることが出来たので、まだ恵まれていたのだが、田舎暮らしに憧れて地方に移住したりした場合、誰もがぶつかるのが、恵まれた条件の田畑を中々見つけられないことにある。

これだけ、農家の後継者不足や耕作放棄地の問題が騒がれているのに、農業はやめても土地を手放すことはもとより、貸し出すこともしたくないという農家は多い。結果、新規就農者たちは、農地としては条件の悪い、わずかばかりの土地で農家としてスタートしなければならない。これでは、いくら農業に情熱を持っていても、経済的にも精神的にも追い込まれていくだけだ。

特に、それが、有機農業となればなおさらなのは言うまでもない。しかも、国が認定する有機JASの資格を取得していないと、いくら有機農法で栽培したとしても、販売するときには有機を謳うことが出来ない。そうなると、スーパーなどに卸す場合は、販売時に有機のラベルを貼れないという理由から、外国から輸入した農薬たっぷりの野菜と同じ値段でしか取引をしてもらえない。

「ただ、有機ＪＡＳも僕は取る必要があるのか考えているところなんです。

確かに、有機ＪＡＳのラベルがないと、スーパーでは買い叩かれます。でも、有機ＪＡＳの考え方って農薬を使う慣行農法に近い部分もあって、『これは、大丈夫な農薬です』とか『これは大丈夫な肥料です』っていう言い方をするんです。だから、種類は違っても、農薬や肥料有りきのやり方なら、慣行農法と同じ考え方だと思うんですよね。もちろん、慣行農法を否定するつもりは全然ないですよ。

それよりも、有機ＪＡＳを取ってるっていうだけで、高い値段で都内なんかで販売してるやり方の方に疑問を感じるんです。こんな言い方したら、誤解されるかもしれないけど、たかが野菜ですよ。美味しくって、安全で安心なんて当たり前のことだと思うんです。でも、値段が高ければ、購買層って決まっちゃいますよね。高級スーパーとかマルシェとかありますけど、なんか有機野菜を買うことがステータスみたいになってる。それが嫌なんです。

じゃあ、高い値段の野菜が買えない普通の人はどうするのって話じゃないですか。海外から来たどんな農薬を使っているかも分からない野菜を食べろって言われてるようなもんじゃないですか。たかが野菜ですよ。お金なんかなくても、安全で安心で美味しい野菜なんて、当たり前に食べられるはずなんです。

でも、そんな当たり前のことが出来ない。自分たちの力不足って言われればそれまでですけど、当たり前のことが出来ないようなシステムがガチガチに出来ちゃってるんです」

安心・安全な作物を作りたい→条件の良くない田畑で就農→新規就農の上、さらに有機農業なので高い技術力と経験が必要→思うような収穫量が上がらない→それでもなんとかできた作物→スーパーでは買い叩かれる→新たな顧客獲得といっても新規就農者ゆえに認知度が高まらない→やっと掴んだお客さんも運送費の高騰で宅配セットの顧客から離れる→農業だけでは生活が成り立たない、と、こんな不安を増長するだけの負のループが無限に広がっていく。

しかも、前に書いた5年間もらえる給付金にも訳の分からない決まりがある。年収が250万円を超えると、その時点から給付金が貰えなくなるというのだ。

ということは、国としては、就農5年目までの新米農家は（給付金を合わせて）年収400万円を超すなんてけしからんって言ってるようなものだ。これはいったいどういうことだ。

250万円あれば、経済的に自立できると思っているのだろうか。それとも、200万くらいは農業で稼いで、給付金を足して350万円くらいでやってなさいということなのか。

あんまりにも農家を馬鹿にしている。

ちょっとでも農業をかじったことがある人間ならわかるが、農業で、それも有機農業でお金を稼ぐことは本当に大変だ。僕は、油井君の手伝いをするようになってから、仕事で稼ぐ一万円への価値観が大きく変わった。手にした一万円が、油井君たちと同じくらい汗水垂らして真摯に稼いだお金なのかを考えるようになった。こんな手垢のついたことは言いたくないが、必要のない公共事業や天下りの人間に税金を使うくらいなら、これからの農業を支えようという志を持った人間を応援するのが政治の役割だろう。これが、今の農業が置かれている現実なのだ。

こんな現実を知ってしまったら、一体、誰が好き好んで農家になりたいなんて思うだろうか。これじゃあ、誰も農に希望なんて持てない。輝く未来なんてありはしない。農の未来は、まったくもってNo Future《ノー・フューチャー》じゃないか。

それでも、油井君と内田君は、前にも書いたように研修先から自分たちが1年半の間、手塩にかけて育ててきた畑をそのまま借りられたし、二人で一緒にやることで資金的にも収穫する量にも少なからず勝算があると踏んでやってきた。決して「夢見る有機農業」なんて浮わついた気持ちでやってきたわけではなかった。

去年、一年間で二人が育てた作物をざっと挙げてみる。小松菜、トマト、きゅうり、かぼちゃ、ルッコラ、からし菜、ラディッシュ、カブ、大根、レタス、ズッキーニ、とうがらし、バジル、ほうれん草、菜の花、にんじん、高菜、水菜、パクチー、みぶな等々。出来の良し悪しもあったけど、独立1年目の新米農家にしては、大健闘だと思う。

たくさんの種類の野菜を育てるのにも理由はある。

同じ作物ばかり作り続けると、畑の土から同じ養分だけが使われて、土のバランスが崩れてしまう。そうなると、土自体の力が弱まるし、作物の病気や虫による被害も増える。常に土の健康を保つことが、有機農業で美味しい野菜を育てることの最大のポイントだから、こうして多品種を輪作することで、土の栄養バランスを調整してあげているのだ。

具体的には、小麦やトウモロコシなどのイネ科——枝豆やソラマメなどの豆科——ゴボウや大根、サツマイモなどの根菜類の順に輪作をするといいと言われている。

イネ科作物が土の力を強くし、豆科が作物を育てる三大要素の一つである窒素をたっぷり土に生み出す。根菜類は、根が土中深く伸びていくので、土を耕す力を持つ。この三つの工程を一つのサイクルとして繰り返すことにより、畑の土はより健康に、より栄養を蓄えた土へと育っていくのだ。

驚くのは、こういったことを、昔から農家の人たちが実践してきていることだ。現代のように科学的なエビデンスなんてない時代から、何度も何度もトライ&エラーを繰り返し、知恵を積み上げてきた。

例えば、米作りに欠かせないのが稲妻だった。田んぼに雷が落ちると、そこで放電された電子が田んぼを豊かな土壌へと変化させ、美味い米が出来たという。そこで、昔の農家さん

は、田んぼに稲妻が落ちやすくなるように、四隅に炭の柱を立てて、稲妻を呼び込んだという。米を美味しくするから、稲の良き妻ということで、稲妻なのだ。

さらに、ネットなんてもちろんない時代ではあるが、古くは、安土桃山時代から、農業の技術をシェアするための「農書」も発行されていたし、季節と農業を掛け合わせた「農事暦」などは、今、読んでも本当に面白い。もし、タイムスリップが出来るなら、安土桃山時代のニンジンを食べに行ってみたいものだ。油井君は話す。

「野菜はアナログじゃないと美味しい野菜にはならないと思ってます。水耕栽培とか、新しい技術で作られた野菜も食べましたけど、単純に味がしないんですよ。作物はテクノロジーで育つわけじゃない。土や自然が育てるものだから当たり前のことなんですけどね。そういう当たり前のことも忘れられがちですよね。

ただ、どれだけ自然栽培で育てようが、野菜って結構、ひ弱いんです。だから、土を作るとか、寒いんだったら何かかけてやるとか、蒸れてるんだったら、草を刈ったり、間引いたりしてやる。それが、作物の育つ環境を整えてあげるってことだと思います。

でも、じゃあ、そのやり方で育てた野菜だけで、いつから生活出来るのかって言われると、正直、まだ分からないです」

二人にとって、現実の厳しさは、研修生時代から身に沁みていたはずだった。

それでも、僕も感じた農の楽しさと喜び、そして、自分たちが手塩にかけて育てた野菜を美味しいと言ってくれるお客さんの言葉をガソリンにして、内田君は走り続けてきた。目一杯アクセルを踏み続けてきたと思う。でも、一向に変わらない真っ暗な景色の中を走り続けることに疲れてしまったのだろう。内田君の心は折れてしまった。こう書いたからといって、内田君を批判するつもりは全くない。僕なら、こんな現実を前にして、そもそも農家としてやっていこうなんて挑戦をする前に尻尾を巻いて逃げだしている。

内田君の話をしていると、油井君の口から更に意外な告白を聞いた。

「今の僕らじゃ、農家っていう意味ではお金は稼げていないです。小さな個人商店とか、有機農業のグループの販売網に参加させてもらってはいますけど、それだけじゃとてもじゃないですけど、飯は食えません。農家としての収入は月に4、5万程度です。

泥臭い話なんで、今までしなかったんですけど、畑終わった後にバイトしてましたから。道路工事の交通整理とか。そっちの方が、金を稼ぐってことだけで言えば、よっぽど稼げますから。さすがに、身体がしんどくなってやめましたけど、そういうことでもやらないと家族5人なんて(相模湖町に移住してから次女も誕生していた)、とてもじゃないですけど食えないんですよ。

しかも、この状況が1年続くのか、2年続くのか、それとももっと続くのか全く分からない。先が見えないんですよ。幸い、妻がネイルアートの仕事をしていて、それで稼いでくれているので、何とか食いつないでこられました。一人きりで農家だけでやってたら野垂れ死んでたかもしれないです」

一体、いつの時代の話をしてるんだろうというくらい、前近代的で、重く、暗く、閉塞的な状況だ。聞いているだけで、怒りと苛立ちが湧き上がってくる。

茶農家の北村さんが、有機農業に懸命に取り組んでいた時代の、食べていくのが大変だった様子を書いたが、それから半世紀近く経った今でも、有機農業に取り組もうとする人間を取り巻く状況はほとんど変わっていないに等しい。

こんなにも明確に問題が浮き彫りになっているのに、誰も解決しようとしていない。政治家が言う「食の安心・安全」って一体なんなのだろう。お粗末すぎる。これじゃあ、0.4%の有機農家が増えていけるわけない。いや、それは、農薬を使う農家さんにしたって同じことだ。諸外国からもっと安い値段の野菜が輸入されれば、国内の農家さんはあっという間に駆逐されるだろう。

そう思うと、原発事故で骨身にしみた教訓が蘇ってくる。あの死んだ東京で感じたこと。
自分の身は自分で守るしかない。
自分の未来は自分で作るしかない。

そうだった。誰かが助けてくれることなんてないんだ。
だったら仕方がない。自分たちでやるだけだ。

渋谷の農家、旅に出るパート2

自然栽培という生き方

麻

「麻を媒介にして、日本人の暮らしを見つめ直したいんです」

麻農家――上野俊彦――鳥取県・智頭町

油井君と内田君のように、100人農家がいれば、100通りの農家になる理由（と農家を辞める理由も）がある。

上野俊彦さんには、直接お会いして「なぜ農家になったのか」を聞きたかった。というのも、上野さんは、鳥取県智頭《ちづ》町で、60年振りに麻の栽培を復活させた麻農家なのだ。

山田さんのオリーブや北村さんのお茶は、誰も成し遂げたことがない有機農法での栽培に全てを賭けてきた。つまりは、「どう育てるか」に焦点を当てていたのだが、上野さんの場合は、「どう育てるか」の前に、「何を育てるか」が、最大のハードルだった。

麻は、服の素材として多くの人に好まれながらも、一方で、麻＝大麻＝悪という偏ったイ

メージも併せ持つ不思議な植物だ。

だから、麻を語ることは、タブーめいた空気がある。そんな空気の中で、麻の栽培で町おこしに取り組んでいる上野さんとは、どんな人物なんだろう。

10月、収穫を迎えた畑を訪ねると、青いつなぎに長靴姿の上野さんが迎えてくれた。その背後には、背丈が2ｍは優に超えるほど見事に育った麻が、わっさわっさと葉を揺らしながら畑一面に広がっている。ここが本当に日本なのか、にわかには信じられない光景の中、上野さんを始め、手伝いに来た何人もの男女が、立派に育った麻を一本一本、地中からズボッと引っこ抜いては、運んでいく。

気がつけば、挨拶もそこそこに、僕も作業の手伝いをしていた。軽トラに麻をパンパンに積み、近くのログハウスに運ぶ。20畳くらいありそうな大広間の壁全面が立てかけられた麻で埋まった。

一体、上野さんは、麻を育てることで、何をしようとしているのだろうか。そして、何を伝えようとしているのだろうか。

「滅多にこういうことはしないんですけど」と言いながら、上野さんが手際よく鍋の用意をしてくれる。

収穫で忙しく、日中はほとんど話が出来なかったので、山梨から見学に来ていた夫婦も交えて、4人で一緒に夕食をとりながら取材をすることになったのだ。畑から、車で10分ほど走った一軒家に案内されてやって来たのだが、聞けば、この建物も、こうした全国各地からやってくる見学者が時折、宿泊に利用するそうだ。

「自然栽培で麻を育てているのは私だけなので、遠方からも来られるんです。ほとんどの麻農家って、慣行農法なんです。そういった農家さんの場合、葉っぱの虫食いが多くてボロボロになっちゃうんですけど、繊維用に栽培する場合は、茎の表面を使うだけなので、栽培方法にまでこだわる方は少ないですね」

そう言うと、一枚の布を見せてくれた。

「これは、この地域で100年ほど前に作られた麻の糸で織った布です。麹を起こす時に使っていたものだそうです」

艶やかな光沢をたたえた布は、どう見ても100年も前に作られたとは思えない。

「かつての日本にはユニクロなんかありませんから(笑)、みんな服は自分で作っていました。それも、植物から繊維を取って、糸を紡ぐことから始めていたんです」

上野さんは、兵庫県神戸市生まれ。現在、37歳。

クリスチャンの家系に育ち、子供の頃から、戦争や貧困など、世界に溢れる不条理に胸を痛めていた。そして、成長するにつれ、ジャーナリズムに傾倒し、20代になった頃、自分自身の目で、ありのままの世界を見たくなり放浪の旅に出た。

イスラエルやパレスチナ自治区、アフガニスタンにまで足を伸ばし、世界のリアルな姿を体感した。

「一言で言えば、ジャーナリズムには幻滅しました。自分が旅を通してこの目で見たことを、メディアは何ひとつ伝えてきてはいなかった」

だが同時に、この旅は、上野さんが知らなかった世界を教えてくれた。

それが麻だった。

タイでは、麻からとれた繊維で織物を作っていた。その美しさに感動した。アフガニスタンでは、何キロも続く荒野を車で走っていると、突然、大麻畑が出てきた。医療大麻のように、大麻を吸って元気に暮らしている現地のおじいちゃん、おばあちゃんに出会った。100歳以上の超高齢者の割合が世界一と言われている中国の巴馬《バーマ》も訪れた。昔から麻の実が食べられていて、100歳以上の方でも寝たきりゼロで暮らしていた。

「あの旅で、僕は、麻が世界でどのように人々の暮らしの中で使われているのかを知ったし、同時に、麻のポテンシャルを教わった。

それまでの、僕の麻に対するイメージは、麻＝大麻＝悪っていう、『ダメ、絶対』なイメージしかなかった。その偏見が一気に取り去られた」

話し始めると、上野さんの麻への思いが溢れ出した。

「帰国して、早速、麻について調べました。すると、日本の根幹を成す部分というか、伝統的な部分で使われていることや、食べて、着て、建材としても使われているっていうことを知りました」

例えば、さっき見せてもらったような布を織るために、麻で糸を紡ぐとする。すると、麻房という細い繊維が落ちる。かつては、この麻房と土を混ぜて、蔵の壁を作っていたという。

「職人さんによると、麻房を入れるか入れないかで壁の持ちが百年単位で変わるそうです。土と竹だけだと経年劣化で土が剥がれるんですが、麻房が入ると糊の役割をして土が剥がれにくくなるそうです。

そうやって、麻を知れば知るほど魅了されました。精神性も含めて、元々の日本人の暮らしに立ち返りたい、農的な暮らしをしたいっていう思いがあったので、その思いと結びついて、麻を育てたいと思ったんです」

そこで、群馬県にある麻栽培の免許を取得した法人に入社。麻以外にも、ニンジンや大根、小麦や大豆など野菜全般も栽培するようになる。神戸出身で、父はデザイナー。都会的な暮らしを送ってきた上野さんは、それまで農業とは一切無縁の人生だった。土をいじること自体、初めてだった。

群馬での生活は、食べ物やエネルギーに対する向き合い方、人の付き合い方など、それまでの暮らしでこびりついた殻をボロボロと剥がしてくれたという。

そんな日々の中で、東日本大震災が起きた。すぐに、妻と子供と共に移住することを決めた。最初は、和歌山県に移住する予定だった。もう、麻を栽培することはないだろうと思っていた。ところが、引っ越し直前に、和歌山を台風が直撃。土砂崩れで、移住しようと思っていた町に行くことができなくなってしまう。原発の被害は刻一刻と深刻な状況だということが分かってきた。一刻の猶予もないと焦っていた時、たまたま開いた雑誌に、豊かな自然環境下での保育を掲げる鳥取県智頭町の「森のようちえん　まるたんぼう」の記事が掲載されていた。その記事を読んで直感が走り、急遽、移住先を智頭町に変更した。

「智頭町でも麻を栽培しようなんて、全然思っていなかったんですけど、ある時、近所のおじいさんが、僕が野菜を育てている畑にやって来て、『昔は、ここで〝お〟というものをやってな』って話し始めたんです。

〝お〟が、麻のことだと知らなければスルーしていたかもしれません。思わず『え！』と思いましたけど、しらばっくれたんです。そうしたら、『〝お〟じゃ分からんか。麻とか大麻っ

て言った方が分かりやすいか。今の人には悪いイメージがあるかもしれんけど、わしらの頃は、ここら辺で米や野菜と一緒に〝お〟もやっとってな。今みたいにビニールやナイロンなんてない時代だったから、そこから繊維を取って、農作業の袋とか色んなものを作っていたんだ』って話してくれたんです」

そこで、上野さんは思い切って、群馬で過ごしてきた日々について話した。すると、「ここでもやればいいじゃないか」と言われたが、免許など取れるはずがない。昼食に自宅に戻ると、さっきのおじいさんがまた訪ねてきた。そして、自分が60年以上前に作った麻の糸と、おじいちゃんのお父さんが作ったというから100年も前に作られたずだ袋を、「何かの役に立つかもしれないから持っておきなさい」と、手渡してくれた。

「その時、不思議なことなんですけど、持たされた瞬間に、持っていない方の手まで一気にズワッて鳥肌が立った。表現としては鳥肌としか言えないんですけど、なんとも言えない電気が身体中に走って。震えました。

そうしたら、さっきまで免許なんて取る気も全くなかったのに、降って湧いたように『やれってことなのかな』ってスイッチが入っちゃったんですよね」

この地域で営まれていたことを基盤にして申請すれば、免許が取得できるかもしれない。そう考えた上野さんはすぐに取材に取りかかった。

そんな時、昔の文献を繙《ひもと》いていると、驚くことが起きた。東の栃木、西の広島など、かつての麻の生産について記述された文章の中に、今、上野さんが暮らしている集落の名前がしっかりと書かれていたのだ。

「智頭町ではなくて、ここの集落名だったんですよ。それほど盛んだったのかと驚きました。そこで、当時のことを知る人がどんどん少なくなってきているので、出来る限り話を聞いておこうと思いました。さっき、お見せした布もその時に頂いたものです」

昔、麻を栽培していたおばあちゃんに会いに行くと、そこでも驚くことがあった。群馬に暮らしていた時、地元のおばあちゃんから「昔食べた『麻味噌』が美味しかった」とよく聞かされていたのだが、智頭町でずっと暮らしてきたおばあちゃんが、群馬のおばあちゃんと食べ方も作り方も全く同じやり方で、この集落でも「麻味噌」を食べていたというのだ。

ピンと来た。

「群馬と鳥取、700キロも離れてる日本の東西で、同じものを、同じやり方で作っていたっていうことは、麻味噌が日本全体の郷土食だったんじゃないかと思ったんです」

そして、地域の方達の協力や町長の後押しもあって、遂に上野さんは免許を取得することができた。前述の上野さんの発言のように、もし、免許が取れたら、自然栽培で麻を育てようと決めていた。

「例えば、薬って、服用するって言いますよね。服って、もとはただ着るだけじゃなくて、茜とか藍とかの薬効を着ることによって取り入れていたんですね。つまり、服＝薬っていう意味もあって服用という言葉が使われるようになったらしいんです。そういうことを知って、さらに自然栽培で育てた麻での布や服作りへの思いが強くなりました。

大抵の作物はイコール食じゃないですか。でも、麻に関しては、衣食住全てに関われる作物なので、だからこそ、自然栽培じゃないと麻自体の機能も生かせないと思います」

だが、麻の栽培で生計を立てることは、現実には厳しかった。

「まだ、畑も小さいので、自分で作った商品でというよりは、利益として主軸になっているのは交流事業なんです」

免許取得のニュースが流れると、全国各地から取材や見学の申し込みが殺到した。家族との時間さえままならなくなった。そこで、ここまでたくさんの人が興味を持ってくれるなら、きちんと仕事として麻の魅力を伝えようと事業化したのだ。

「見学以外にも、種まきから栽培、収穫から加工までの全工程を一年間通して学んでもらえるようなコースも用意しました。

面白いのは、色んな業種の企業の方々が、麻畑に仕事のミーティングをしに来られるんです。もちろん、ウチで育てているのは、麻薬成分（ＴＨＣ：テトラヒドロカンナビノール）

が含まれていない品種です。だから、マリファナとかそういうことではなくて、麻が育っている姿を見ているだけで、森林浴をしたような、スッキリとした気分になるそうです」

麻へのイメージを覆すために、地元の幼稚園では麻での紙漉きも始めた。すると、子どもたちだけじゃなく、保育士さんも面白がってくれて、他からもお呼びがかかるようになった。

「交流事業も、紙漉きも、まずは『麻ってこんなことも出来るんだ』って感じてもらう入り口だと思っています。そこから、『日本人って、こういう暮らしをしていたんだね』っていうところまで繋げたい。麻を媒介にして、日本人の暮らしを見つめ直したいんです。

そのためには、麻を慣行農法で栽培してしまっては、いくら麻の魅力を伝えても何の意味もなくなってしまう。ケミカルなものを使って栽培するくらいなら、そもそも自然素材にこだわる必要すらなくなりますから。だから、自然栽培で育てているんです」

念願だった麻味噌の販売も始める。味噌に使う大豆ももちろん上野さんが自然栽培で育てたもので、すべて手作りだ。

一口なめたら、それはきっとどこか懐かしい味がするだろう。

未来はいつだって過去からやってくる。

MITSUBISHI

米

「美味しいものは、美しい。美しいものほど、美味しい」

蒜山耕藝（米農家）―桑原広樹　高谷裕治　高谷絵里香―岡山県・蒜山（旧中和村）

鳥取県智頭町で上野さんの取材を終えた翌日、同じ、智頭町にあるパン屋「タルマーリー」へ立ち寄って、移動車中の昼ご飯を買った。

そういえば、これから訪れる、蒜山耕藝《ひるぜんこうげい》の名前を初めて知ったのも「タルマーリー」の店主である渡邊格さんの著書『田舎のパン屋が見つけた「腐る経済」』（講談社）だった。

蒜山耕藝とは、千葉県の自然栽培農家・高橋博さんのもとで農業を学んだ、桑原広樹さん、高谷裕治・絵里香さんご夫妻の3人が、東日本大震災を契機に、ともに千葉から岡山県・蒜山（旧中和村）に移住した時から活動を始めた農業ユニットの名前である。

耕藝という名前に感じるものがあって、彼らのブログを読むと、ある日のブログに、千葉

から蒜山に移住して以来、数年間にわたって土作りのために、毎年、麦を作っていることが書かれていた。

単に作物を作るためなら、いくらでも対症療法的な処置は出来るのに、そういうことは一切しない。何年も、何十年かかっても、土自体が自然と無理なく良くなっていけるようにと、土に寄り添うように生きている。僕自身、畑での土作りの大変さを痛感していたので、尚更、農や食や暮らしについて、格好つけることなく、まっすぐに綴られた彼らの言葉に刺激を受けた。

ところで、今から取材を始めようとしたその時、目の前に、次から次へと美味しそうな料理がテーブルに並べられ始めた。

夕食の時間だ。ということで、このインタビューは、前夜の上野さんに続いて農家さんの食卓からお届けすることにしよう。いただきます！

今、僕が座っているのは「くど」の食卓だ。

「くど」は、屋根と外側のトタンしか残っていなかった古い建物を、専門家の協力を受けながら、ほぼ自分たちだけでイチから作り上げた場所で、蒜山耕藝にとっての作業場であり、ほぼ毎日、全員で一緒に食事をしている食卓でもある。そして、不定期ではあるが、そんな彼らが日々食べている献立をメニューとして、ここを訪れたお客さんに提供している食堂でもある。

高谷絵里香さんが、大きな木のテーブルに次々と料理を並べてくれる。

「大根のステーキ。塩と油で焼いただけです。それと、サツマイモとニンジンの素揚げ。天ぷらの小麦粉は自家製です。そして切り干し大根を煮たもの。

このお肉は、いただいたイノシシ肉をオカズデザイン（注）さんがハムにしてくれたので、それを焼いてみました。上質な豚肉みたいな味です。

葉物のサラダの味付けは、オリーブオイルと塩とビネガーだけですが、ビネガーは、この近くのリンゴ農家さんのリンゴを使って自分たちで作ったアップルビネガーです。漬物は、自分たちの米の糠で作ったぬか漬けです。

最後に、今日の一押し。大豆の醬油炒めになります。

それと、ビール（笑）」

——3人で一緒に台所で料理するんですね。揚げ物とか、それぞれ担当があって、見事な連携プレーでびっくりしました。普段も、こんな感じで3人でご飯を食べているんですか。

高谷絵里香（以下、絵）「そうですね。昼は田んぼや畑でおにぎりで済ませることもありますけど、夕食は大抵、こうして一緒に食べてますね」
桑原広樹（以下、桑）「献立もいつも通りのメニューだよね」
高谷裕治（以下、高）「そうだね。スタンダードだね」
高谷絵里香「（天ぷらを頬張り）うん、ニンジン美味しい！」
――ここに並んでいる野菜やお米は自分たちで育てたものですか。
高「そうですね。こっちに来て一年目は珍しい野菜とかもやったりしたんですけど、自分たちがそんなに食べなかったんですよね」
――ということは、基本的に、自分たちが食べたいものを育ててる？
高「そこなんですよ、やっぱり」
桑「非日常じゃなくて、日常の生活っていうか」
絵「食べたいから、作るって感じだよね」
高「まあ、オーソドックスなものの方が作りやすいっていうこともありますが。だから、ウチは少量多品目じゃなくて、少量小品目」
桑「ダメじゃん（笑）。成り立たないじゃん」
高「（笑）。そもそも、自分は美味しいものを作ろうと思っていないんですよね。それよりも、その作物自体の本来の生きる姿になるべく近づけてあげようと思っていて」

くど
森山耕藝

――それは、野菜本来の味を引き出すってことですか？

桑「うーん、生命を全うさせるというか、その種が持つ力を最大限に発揮して成長しきってもらうというか。味は、その結果でしかないと思います」

高「それを言葉にしようとして、オカズデザインさんは、ウチの野菜に対して『透明感』って表現で言ってくれるんですね」

桑「果物は、食べた瞬間に『美味しい』でいいと思うんです、嗜好品なので。でも、お米とか野菜っていうのは、自分の体を作るものだし、エネルギーだったりするので、舌で感じる品評会みたいな尺度じゃないところかなって思ってます。食べた瞬間にわかる美味しさじゃなくて、普段食べて身体に馴染むものというか」

絵「身体にスーッと入っていくというかね」

確かに、彼らの野菜は、例えば、糖度の高いトマトを一口齧った時のような瞬間的な「甘い！」みたいなハッキリとした味わいはない。その代わり、絵里香さんが言っているように、スーッと身体の中に入っていくというか、身体に染み込んでくるような心地好さがある。

――ブログを拝見していて、土作りのために麦を作っていることを知って、すごく長いスパンで畑と向き合っているんだなと感じました。

桑「千葉と比べて、浅いんですよね、土の層が。そうすると、野菜が育ちにくいんです。

それで千葉の時から、麦で土作りはしていたので、やろうと思ったんですけど、そうしたら麦さえ育たなくて（苦笑）」

高「それなら、寒さに強いライ麦を育てようって。根もライ麦の方が深いので。これを繰り返していくことで、土が出来ていくんだと思います」

桑「ただ、麦やって土作りしていますっていうと、みんな緑肥（作物の肥料のための植物）って受け取るんですよ。肥料の代わりにそれを入れて栄養にして（野菜を）作るんでしょって。

でも、自分たちは、そうは思っていなくて。ずっと畑として使われていなかった所にいきなり野菜を植えても育たない。だったら、野菜と草の中間に近い麦やイネ科の植物を育てて、だんだんと野菜の畑にしていこうと思ってやっているんです」

——もともとは、ここでも野菜を育てようと考えていたんですよね。

高「そうなんですけど、土の状況や、冬が雪で農作業が出来ないので、野菜は難しいなと思って」

——それでお米をメインに育てようと？

桑「メインにするかはともかく、米もやらないと『無理じゃね？』みたいな。千葉にいた時は年間収入の3分の2くらいは冬の野菜だったんですよ。ニンジンや大根って貯蔵もきくし、何百箱も出荷出来たので、それが出来ないとなるとお米もやらないとなって感じでしたね」

高「以前はお米農家にだけは絶対になりたくないと思ってたんです。草取りとかの作業は大変だし、コンバインや乾燥機なんかの設備にお金もかかるし。

でも、師匠から『そこの自然環境はもちろんだけど、流れっていうのも大事。流れが自分のやるべきことの材料を与えてくれているんだから、それをちゃんと受け止めて考えるんだぞ。それが自然栽培的な生き方だぞ』っていう話を聞いて、これはやっぱりお米をやれってことだなと思って」

——こうして話していると、自然栽培に対して、単なる農法の一つではなく、もっとある種の哲学的な意味合いも感じていらっしゃるように思えてきました。

高「ああ、なるほど。

僕は、以前、福祉事務所でケースワーカーとして働いていたんです。今もですけど、当時もどんどん需要が増えていたので、その場の問題への対応に追われてばかりで、利用者の方々の根本的な部分にアプローチが出来ずに、肝心な部分が先送りされていたんです。そんな時に、自然栽培の考え方を知って、それがすごく心に響いたんですよ」

——具体的に教えてもらえませんか。

高「そもそも、世の中には善悪的なものはないと。虫がついたり病気にかかったとしても、それは原因があるから虫や病気が発生したわけで、原因がなくなれば消えていく。ただ、そうやって、本当の原因を見つめ直してアプローチすると、一回は浄化作用みたいなものが起こるから、そこは抑えるんじゃなくて、受け入れようっていうようなお話でした」

絵「私が自然栽培に惹かれたのは、美味しかったっていうのが、まず最初で。で、その後の研修で印象深いのは、美しいってことなんですよね。美味しいものは美しいんだってことを身を以て実感して」

桑「そうだね。美しいものほど美味しい」

美しいものほど美味しいと聞いて、以前、千葉の農家さんの畑で見た、立ち枯れしたオクラを思い出した。

畑を案内してもらっていたのだが、そこで見つけた一本のオクラの前で僕は動けなくなった。それこそ、桑原さんが話していた「種の持つ力を最大限に出し切り、生命を全うさせた」姿がそこにあった。大きく大きく成長した実は、成長の臨界点を超えて、爆発でもしたかのようにビリビリに裂けていた。その姿に胸を打たれた。いや、胸をえぐられた。圧倒的に美しかった。

――ちょっと不躾な質問になっちゃうんですけど、経営的な面から見たら現状はどうなん

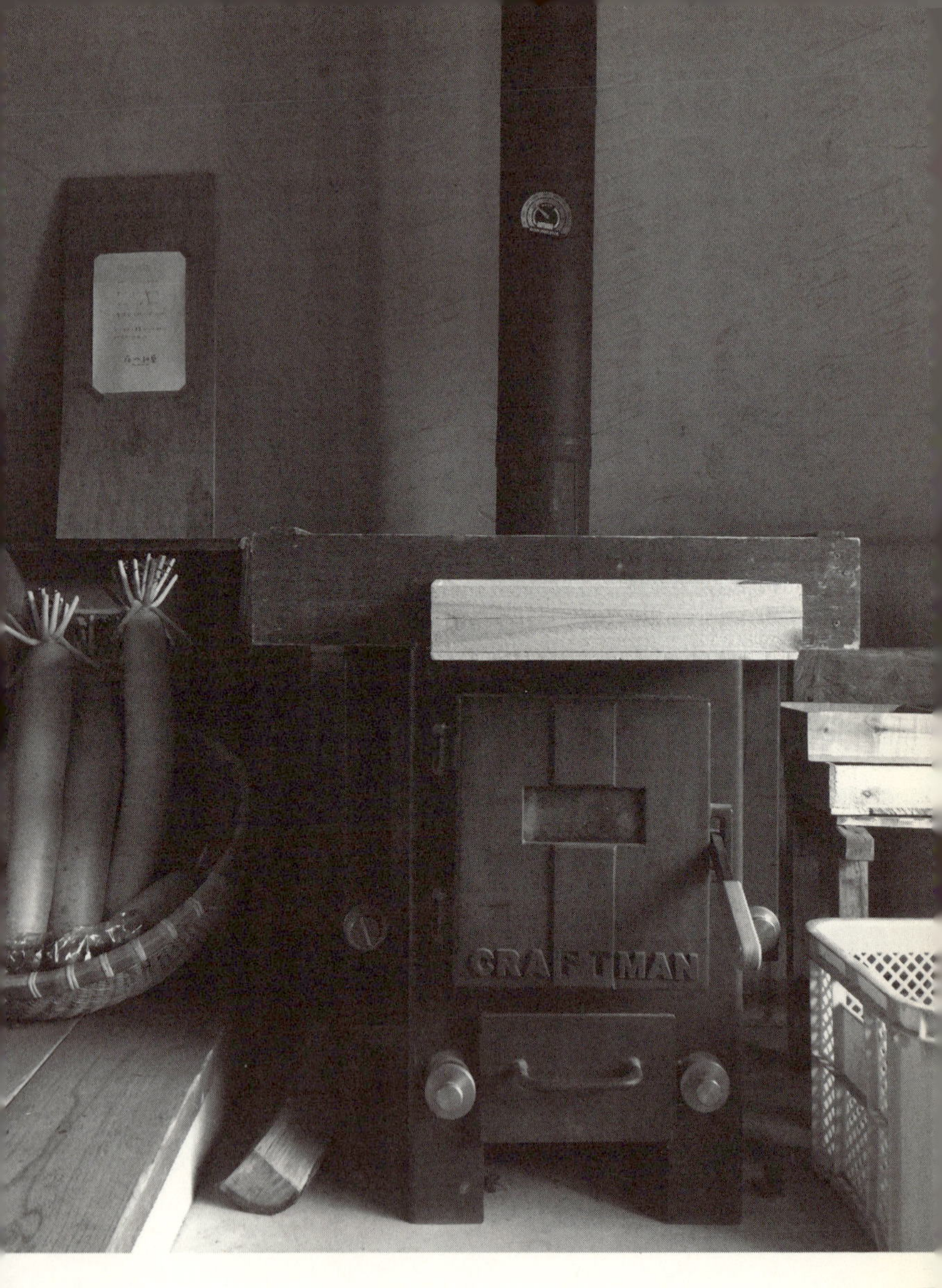

でしょうか。
桑「現状は、青年就農給付金を頂いていて、それがなければ生きていけないというわけではないんですけど、その分を全部投資に回してるんです。農機具や『くど』にしても材料費など色々と経費がかかっているので。だから、補助金ありきの経営になってます」
絵「給付金がなくて、本当に3人、ふた家族がやっていけるかっていうと、まだ確立していないと思います。利益を出して、農業として成り立つんだ、生業《なりわい》になるんだって所まで持っていかないと、後に続く人も出てこないと思うので」
高「せめて、（サーフィン用の）ウエットスーツを買いたいな（笑）」
桑「そういうのは無理（笑）」
高「でも、自分はお米や野菜を商品として見ないように心がけてるんです。変な話、作ってる時に、『これでいくら』とか、『これやると儲かる』とかって考えたら、それはもう（作物を）生命として見ているんじゃなくて、商売の商品として見てるじゃないですか。ひとつひとつの生命として見て、結果として人に手渡していくものになる。そこの順番を絶対に間違えないようにしようと思っています」
と、話は尽きないのだが、酒が尽きてしまった。残念ながら、今夜はここでお開きだ。

翌日。まず、麦の畑を見せてもらい、そのあと、田んぼへも連れて行ってもらった。どちらも、とても居心地がいい。畑や田んぼにいるというより、草原や湖畔にでもいるような気分だ。時間と空気がたおやかに流れている。

そうか。昨夜、美味しいものは美しいという話をしたが、彼らが振舞ってくれた料理がどれも美味しかったのは、こんなに美しい場所から生まれたからなのか。美味しいものは、美しい場所から生まれる。

田んぼに目を凝らすと、田んぼを囲むように溝が掘られていることに気づく。高谷さんは言う。

「大地の自然再生活動をしている造園家の方に教わったんですけど、溝を掘ることで、この田んぼの上にある山の上までの流れがスムーズになったんです。

それまでは、溝を掘っても、余分な水が入りにくくなるとか、排水がスムーズになるくらいにしか思っていなかったんですけど、人間にたとえたら、鍼灸で気の流れを良くしてあげるのに似ていますね。

稲の生育も、ひどい所から手を入れていったんですけど、一番手をかけたところが、一番生育が良くなった。だから、スコップひとつでも出来ることはいくらでもあるんですよね」

田んぼを眺めている内に、昨夜、高谷さん言っていた「自然栽培的な生き方」の意味が少しだけ分かったような気がする。

きっと、彼らは畑や田んぼのことで疑問が浮かんでも、自分たちの頭だけで考えた答えに従うことはないだろう。その代わり、答えが見つかるまで、何度も何度も、目の前の自然に問いかけ続けるだろう。そうして、問いが深まれば深まるほど、自然はさらに奥深い世界を見せてくれる。

そんな彼らの姿を見て、ストイックだなんて思ったら大間違いだ。自然という最高の芸術をとことんまで味わい尽くそうとするエピキュリアンなのだ。

美味しいものは、美しい。美しいものは、美味しい。

帰りがけにコンビニでチョコレートを買った。一口齧った。恐ろしいほど、食べ物の味を感じなかった。

（注）オカズデザイン…　吉岡秀治・吉岡知子による、フードとグラフィックのデザインユニット。〝時間がおいしくしてくれるもの〟をテーマに、書籍や広告のレシピ制作・器の開発・映画やドラマの料理監修などを手がけている。

5 weekend farmers 結成

その日は、雨で農作業が出来なかった。

「コーヒーでも飲もうか」と、油井君を誘って、相模湖が見えるファミレスに行った。内田君が畑に来なくなってから、明らかに油井君は焦っているように見えた。二人でやったって農家として経済的に自立出来なかったのに、一人になったらさらにキツくなるのは当たり前だ。忘れてならないのは、油井君は就農2年目だってこと。一般的なビジネスの世界に置き換えてみれば分かるが、知識も経験も少なく、キャッシュフローもない。そんな無い無い尽くしの状況で、新しいビジネスを成功できる人間なんているだろうか。それでも、油井君の精神が持ちこたえられていたのは、前提として、逆境に追い込まれるほど力が湧いてくる本人のタフさがあってこそなのは言うまでもないが、3人の子供たちと、彼ら彼女たちを育てながら仕事をしている奥さんの存在と、藤野の仲間たちの存在があったからだろう。

　地元のレストランで油井君の野菜を扱ってくれるようになったり、個人で購入する人が増えたり、ゆっくりとだけど、少しずつ油井君の野菜は知られるようになっていた。藤野電力が立ち上げられた土地柄からも分かるように、藤野には人と人が繋がりあうネットワークがあって、志を持つ人を支え合う共同体的な意識が広がっている。そんな地域の人たちの間に、農薬も化学肥料も使わずに、土の力だけで育てた油井君の野菜の味は浸透していった。それでも、一農家として経済的な自立にはまだまだだ。

　どうすれば彼のような農家が飯を食っていけるようになるのだろう。

　普段は、畑の作業で教えてもらうことばかりだけど、こういうことを考えるのなら、自分の仕事でも役に立てる。そこら中でやってるマルシェとかファーマーズマーケットとか以外にもやり方があるんじゃないか。というか、マルシェやファーマーズマーケットだって主催者はお金になってるかもしれないけれど、実際に出店している農家さんたちは満足しているのかどうかもわからない。

「あのさ、こうやって地域の人もみんな『美味しい』って言ってくれてるんだからさ、前に話した時は嫌がっていたけど、都内の高級スーパーとかでも持って行ったら、すぐに取り扱ってくれるんじゃないの」

収穫量が少ないなら、ひとつひとつの野菜の単価をあげるしかないんじゃないか。こういう状況に追い込まれたら、以前のようなことは言っていられないのではないかと油井君も考えているかもしれない。それでも、それをすることは、今までやってきてことを自ら否定することにもなるから言い出しづらいんじゃないか。そんな風に思って、軽くジャブを打った。

「いやあ、やっぱり、そういうのカッコ悪くないですか。それやっちゃったら、経済優先とかばっかり言ってる政治家たちと同じになっちゃうと思うんですよ」

「でも、じゃあ、油井君はこの先どんな風にやっていこうと思ってるの」

「カッコつけるわけじゃないんですけど、当たり前のことをやりたいんですよ。

有機だからってありがたがってる世の中も、僕からしたらおかしい気がするんです。あんな高い値段で買ってるのって、馬鹿みたいじゃないですか。というか、値段つけてる農家もお客さんのこと舐めてますよ」

「まあ、確かにね。しかもさ、俺も何回か買ったことあるけど、ちっとも美味くないんだよね」

「そうなんですよ。だから、僕は、当たり前に美味いって思ってもらえる野菜を育てて、それを今のスーパーで売ってるのと同じくらいの当たり前の値段で売りたいんです。このままだと、いつまでたっても有機農業自体が金持ちの自己満足なアイテムに成り下がったままなんですよ」

油井君は、ブレていなかった。空元気かもしれないけど、僕に話しているようでいて、実のところは自分自身を奮い立たせるために語っているようにも聞こえた。

でも、そんな油井君の言葉を聞いているうちに、だんだんとアイデアが湧き始める。そんな時、藤野電力のことを思い出した。閃くものがあった。思いつくまま、喋った。

「俺は、農業のプロじゃないから、畑とか野菜の育て方については何も言えない。だけど、油井君とこうして付き合っていて、こんなに美味い野菜を、こんなに一生懸命作っている人間が飯を食えないなんておかしいと思うよ。いかに日本の農業の仕組みがダメなのかはよく分かった。だったらさ、野菜を育てる人と買う人って分けて考えるんじゃなくて、油井君がやってることを丸ごと面白がってもらえるような仕掛けを作って、お客さんたちを巻き込んでいけばいいいと思うんだ」

「面白そうですね。確かに、色んなお客さんたち、それぞれに『美味しかった』って言ってもらうたびに、こういう出会いを増やしていけたらなとはいつも思ってました」

「じゃあさ、畑を八百屋にしようよ」

「え?　どういうことですか」

「この頃、体験型の有機農場って増えてるでしょ。都心から、日帰りとか一泊とかで農村に行って、農作業の手伝いをしてる人たち。あれってさ、普段の生活から土がなくなりすぎちゃって、本能的に自然との関わりを取り戻したいって人が増えてるってことだと思うんだよ。実際、俺自身、こうやって畑に通うようになって楽しいしさ。

そういう、農業をやってみたいって考えてるような人から、東京とかでオーガニックをおしゃれなものとして捉えてる人たちまで、食とか農に関心を持ってる人たちを丸ごと相手に、ここの畑を解放して、農体験をしてもらったり、野菜を買いに来てもらったりすればいいんじゃない。そうやって、一回、油井君の野菜を食べてもらえば、きっとファンになってくれると思うんだ」

「あ、それなら、もうひとつ、その取り組みに付け加えたいことがあります。せっかくウチの畑に来てもらえるなら、そこで、簡単な野菜の作り方くらい覚えていってもらって、自宅の庭とかベランダとかでトマトでもハーブでもちょっとした野菜を自分で作ってもらえるようになったらいいですよね」

「最高だね。藤野電力のワークショップじゃないけど、野菜のワークショップだ」

「そうなんです。それが出来たら、全部は無理でも、自分が好きな野菜くらいは誰もが作れるようになるじゃないですか」

「ご近所同士で作ってもらえたら、野菜の交換も出来るしね。しかも、自分で作ってる野菜だから、もちろん農薬なんて使わないから、一番の食の安心・安全になるもんね」

藤野電力に光を感じたのは、既存の電力システムに頼らずに、個人個人が電力を生み出すことが出来るスキルを共有していることだった。そして、そこで得たスキルを無限にシェアしていけば、日本全国に原子力エネルギーに依存しない、オルタナティブなエネルギーシステム網が広がっていける。

ただ、太陽光パネルとバッテリーなどをつないで設置しておけば電力は生み出すことが出来るが、野菜となると、そうそう簡単には育てられないことも事実だ。

毎日、必ず、様子は見なければならないし、手間もかかる。だから、やりたいと思う人は相当数いるだろうが、実際にアクションを起こすとなると躊躇する人の方が多いかもしれない。でも、だからこそ、自分たちが先陣を切ってやってみる価値があるようにも思える。

それに、「やっぱり、育てるのは無理」という人たちには、時折、畑に遊びがてら来てもらって、草刈りや種蒔きとかを手伝ってもらって、そのお返しに、油井君の野菜を渡せばいい。そうやって、とにかく、油井君の野菜のファンを増やすことに集中して、いろんな角度から方法論やコンテンツを作っていけばいい。

コーヒーを何杯お代わりしただろう。話は尽きなかった。どんどん、アイデアが出てきた。

まるで、高校生の時にバンドを始めた時のような気分だった。

「そうだ。これってバンドだ。ギターじゃなくて、鍬とスコップを持ったバンドなんだよ、俺たち」

「じゃあ、バンドの名前つけましょうよ」

「俺もそうだけど、平日忙しく仕事やら家事やら勉強に追われてても、週末くらいは畑で遊ぼうってことで『weekend farmers』ってどうかな」

「いいですね。それにしましょう」

こうして、とある雨の日の昼下がりのこと、僕と油井君は、ギターを鍬に持ち替えたバンド「weekend farmers」を結成した。


雨の日のファミレス以来、毎日のように農水省や行政、あらゆる企業のサイトを調べまくっていた。補助金や助成金をもらおうと思っていたからだ。

来場者に使ってもらうための農機具の購入から、みんなでランチを食べたり休憩できるような小屋を建てる費用、畑にはトイレもないから簡易トイレも設置しないといけない。とにかく資金が必要だと思っていた。

そこで、農水省の職員や市会議員から、小屋を建てる際に協力してくれそうな業者の方や、

FARM&GREENGROCER
weekend
farmers
FARM&GREENGROCER
weekend
farmers

このプロジェクトに関心を持ってくれそうな知人やそのまた知人まで、力になってくれそうな人には片っ端から会いに行った。そうして、ようやく省庁系の助成金を扱うプロという人を紹介してもらえることになった。

アポ当日のギリギリまで企画書を練り直して、僕と油井君は待ち合わせ場所へ向かった。

「うん。いい取り組みだと思うよ、これ」

手渡した企画書をパラパラと眺めただけで、そのおっさんは企画書をテーブルに置いた。グラスの中の氷が溶けて、テーブルは濡れていた。企画書が濡れた部分に触れた。

「ああ、すいません。でも、これ、後でデータでもらえるよね」

悪びれる様子もなく、そう言ったおっさんの顔を初めて正面から見た。やや後退した前髪、銀縁のメガネ。第一ボタンだけ開けた白いワイシャツ。ネクタイはしていなかった。チャコールグレーのスラックス。

「最初にお伝えしておきますが、助成金がおりた後の話ね。成功報酬としてウチには30%を手数料として納めてもらうことになってますから」

僕らは、色んな企画を用意していた。例えば、地元の木工所と組んで、手入れがされずに放置されている山に入り、間伐材を伐って、その木で小屋や畑の周辺に階段や柵を作る。そうすれば、山の環境保全にもなるし、地元の企業にも多少なりともお金が入る。また、その時に出るおがくずも無駄にはしない。おがくずは、畑に撒くと雑草を抑えてくれる。だから、地域の資源を無駄なく使う事ができるし、この地域からとれた資源をそのまま自然に戻して循環することも出来る。

藤野電力の立ち上げメンバーでもあったツッチーが働いていた障害者共同作業所と連携して、地域の特産品としてトマトケチャップの商品化も考えていた。

地元のシェフにレシピを作ってもらい、試作品も完成し、日曜市で販売すると、あっという間に売り切れていた。こちらが、クオリティの高いトマトを作って渡せば、障害者の方々がケチャップへの加工をしてくれる。彼らの一つの物事に対する集中力は、僕らとは比べ物にならないくらい高い。じっくりと丁寧に煮込んだトマトから作るケチャップはそこらの市販のものには味では絶対に負けない自信があった。しかも、このプロジェクトが立ちあげられれば、地域に新しい仕事＝雇用も生み出すことができる。

とにかく、やりたいことやアイデアがたくさんあった。その思いを企画書に詰め込んでいた。アイデアとやる気だけはあるけど、手持ちがない。だから、その企画書をまず読んでもらって、僕たちの思いを伝えて、その上で、どんな事ができるか、あるいはやりたくてもできないことはどういうことなのかとか、まずは企画の内容を一緒に詰めていくものだとばかり思っていたのだ。

だが、このおっさんは、農水省系の様々な助成金や補助金を専門に扱って飯を食っているコンサルタントだった。つまりは、何をやるかじゃなくて、どうやって金にするかを考えるプロだったってわけだ。

ある農水省の関係者に相談に行った時のことだ。

その時に申請を考えている助成金の名称を告げると、途端に嫌な顔をされた。こちらは、自分たちの考えと一番近しい内容のものを選んで相談に行ったのだが、その関係者は「この助成金は、金額が高いのに、結局、箱物作っておしまいとか、実際は大した実体もない団体がお金だけ貰ってるなんて言われて、バラマキだって槍玉に挙げられている助成金のひとつですよ」と言った。

その時は、こちらの思いも知らずに、失礼な事言う奴だなと嫌な気分になったのだが、なるほど、こういうおっさんと、また、こういうおっさんの言う通りに申請して金だけ貰ってる連中がいたのか。お主も悪よのう。なんて事をこちらが思っているとはもちろん分からないので、おっさんはしゃべり続ける。

「こういう（助成金）のはね、やり方があるの。大丈夫、私に任せておけば、まず間違いなく取れるから」

紹介してくれた人の手前、席を立つことはなかったけど、助成金をもらうことはやめようと決めた。上手く立ち回れば、相当な金額がもらえることになるのだが、その金と引き換えに、一番手渡しちゃいけないものを差し出さなければならないような気がした。

隣に座っている油井君の顔を見た。冷めた目をしていた。

その後もおっさんは喋り続ける。しょうがないから、目の前のアイスコーヒーが溶けていく様子をじっと眺めていた。

ようやくおっさんとの会合が終わって、近所のスーパーの屋上駐車場に車を停めた。綺麗な夕日が山を照らしている。二人でタバコに火をつけて、それを眺めた。

「あのさ」と、口を開きかけると、すかさず油井君が言った。

「やめましょうか。助成金とかもらうの」

「そうだね。やっぱり?」

「俺たち、こういうの向いてないですよ」

きっと、このまま助成金を貰おうと動き出していたら、今のこの景色を美しいって言えなくなるような気がした。

「あのおっさん、志村けんに似てなかった?」

くだらない馬鹿話で笑って、二人して心を洗った。

怒りは、時として人に無限のエネルギーをくれるものだ。

助成金をもらって、今時のオシャレな農空間を作ろうなんて腑抜けた気分を蹴飛ばして、見ようによっては単なる荒地にしか見えない、新たに借りた畑を「weekend farmers」の畑にすることにした。

山際に面しているので、畑の1／3はあっという間に日陰になる。どう贔屓目に見ても恵まれているとは言えない。でも、自分たちがゼロから始めるのだから、油井君が内田君と一緒に育ててきた畑を使わせてもらうのは違う気がしていた。それに、そこの畑は、農家としての油井君を支えてくれる大事な仕事場だ。そこで、あまりに実験的なことばかりしていたら、これまで作ってきたメチャクチャ美味いホウレンソウも人参も作れなくなってしまう。よし、ここから始めてやるぜ。気合だけは十分だ。見てろ、志村けん！　と、勢い込んだものの、まずは、土を整えないといけない。ぼうぼうに茂った草をざっと刈り取ったら、そこからは地道な草抜きが続く。ふつふつと滾《たぎ》る怒りに草抜きほど向かない作業もない。しょうがないから、根の深い草を「うりゃー」と叫びながら引っこ抜くくらいが関の山で、無駄にエネルギーを消費しまくっていたのだが、そんな時に、颯爽と現れるのがツッチーだ。この前の志村けんとのやりとりを話すと、ゲラゲラ笑う。

「こっちがいいことやってたら、お金なんて後から付いてくるよ」

「って、ツッチー、自分の財布見てみ」

「あ、そりゃそうだ。でも、俺も手伝うしさ」

ツッチーは、ずっと働いていた障害者共同作業所での仕事を辞めた。自分の生き方をリセットしようとしているところだった。

「『月3万円ビジネス』（藤村靖之著、晶文社）って本あるでしょ。あれ読んで閃いてさ。そっか、一つの会社に勤めるんじゃなくて、月3万円の仕事を10本とかにすればいいじゃんって思ったの。それだったら、普段なら、会社とかに縛られてやりたいけどやれないようなことを仕事に出来るでしょ。だから、その一つのスキルを身につけるためにｗｅｂの専門学校に通うことにしたよ」

ツッチーは、世間で言う所の高学歴で、東京での仕事の成功体験もあった。それらを活かせば、今よりも経済的に楽な暮らしを送ることは簡単だ。でも、しない。なぜか。答えは単純。それをしてもつまらないから。

これは、僕と油井君にも当てはまる。油井君のことで言えば、前にも書いた通り、もっと高く売れる場所に野菜を出荷すればいいのにしない。僕にしても、生意気にも仕事を断ることがある。

本能的に嫌だなと感じたら、さっさと断る。さっさとその場から逃げる。つまらないこと

をしていると、自分がどんどん疲れて、どんどん嫌な人間になっていくことを3人とも身を以って体験してきた。そんな所で自分を消耗させるくらいなら、自分たちで居心地の良い場所や仕事を作ればいい。

僕自身のことで言えば、これまで、雑誌やｗｅｂなどたくさんのメディアを作ることに関わってきたけど、それは読者とか消費者とか、実際には会ったことがない人たちに向けて発信する場所で、しかも、クライアントの意向を踏まえて作るものだから、自分の思いをストレートにぶつける場所でもなかった。

でも、この畑は違う。

誰かに依頼されてやるわけじゃない。純粋に、自分がやりたいからやる。

子供の頃に秘密基地を作って遊んだようなワクワクする感じを思い出した。この荒れた畑でどんな野菜が育っていくんだろう。友達の顔が次々と浮かぶ。みんなを呼んで、一緒に畑を作って、たっぷり汗をかいて、ビールでも飲みながら収穫したばかりの野菜を食べられたら最高だな。

そうか。最初から考え方が間違っていたんだ。まず最初に食べてもらいたいのは友達だった。世間に向けてアピールしなきゃと焦る必要はないんだ。ゆっくりやろう。あのホウレンソウを食べた時の衝撃をみんなで分け合いたかったんだった。そして、それを作っている油井君をみんなが知ってくれたら上出来なんだ。

そう思えた時、これを一つの仕事にしようと決めた。

誰かに依頼されて始めるのではなくて、自分で自分の仕事を作る。

生まれて初めて、自分自身の手で自由を手にした気がした。

ツッチーをメンバーに加えて、「weekend farmers」は3人になった。

やっぱりバンドは3ピースが最強だしね。そうだ、せっかくだから、ロゴとステッカーを作ろうと、グラフィックデザイナーの川村将君に頼んだ。数日後にロゴが出来上がってきた。シンプルで力強いデザインを見て、3人とも一発で気に入った。その日から、新しい畑作りが始まって、油井君を中心に僕とツッチーは仕事の合間を縫っては畑に通った。


ところが、というか、やはりというべきか、早速、難題が出た。ある日、畑へ行くと、畑がほじくり返されたみたいに、土がボッコボコになっていた。イノシシがやってきたのだ。食べ物を探して、畑中をくまなくほじくり返して行ったのだ。

荒地だった畑の草をきれいにして、ようやく整地したばかりだった。そんなに広くはないが、25m四方くらいある畑を、重機を持たない僕らは毎日毎日ヒーヒー言いながら、人力で整地してきた。雑草の根がこんなに太くて深いとは知らなかった。ゴロゴロ出てくる拳くらいの石もひとつずつどかした。

農業というよりは、完全に土木作業。そんな作業を2週間くらい続けて、ようやく多少は畑っぽく見えるかなくらいまで近づけたと思ったら、それがたった一晩で、メチャクチャに荒らされている。初めて動物に軽い殺意を抱いた。農家が、虫を害虫と呼び、生き物たちが畑に来ることを獣害と呼ぶ気持ちがわかるような気がした。これは、結構堪《こた》える。

でも、待てよ。イノシシが食べ物を探して、土をひっくり返して行ったたっていうことは、やっぱりこの畑でもしっかり作物が育っていたっていうことか。油井君も同じことを考えたようだ。イノシシがほじくり返した後を見て回っている。

「イモの蔓《つる》が出てるので、前はここで、サツマイモとか作ってたみたいですね」と言った。

不思議なことだが、農家が新しく農地を借りる時、前もって、その畑に関する情報が手に入ることはほとんどない。

油井君とは違うが、東日本大震災で被災し、移住した農家さんを数軒取材したことがある。その時、震災前に住んでいた土地と移住先の畑の土の状態が違いすぎて思うように野菜が育てられず困っている農家さんの姿を何度も目にした。

その度に、これが例えば、住居ということになれば、家を建てるにしろ、中古を購入するにしろ、賃貸であっても、そこがどんな土地で、どういう素材で作られた家で、どんな設備があるかとか詳細な情報がないような家を選ぶ人なんかいないのに、どうして畑になると、前もって土をほじくり返して検査したりしないんだろうと思ったのだが、そもそも移住者や新規就農者にとっては、農地を借りられるというだけでありがたいので、そこまでしようと思うよりも、与えられた畑でなんとか作物を育てていこうと思うものらしい。

それに、仮に、以前はどんな作物を育てていたのか聞いたとしても、畑だけ地権者として管理していたりすると、実際にそこで作物を育てていた人ではないので、「野菜を育てていたらしい」みたいな、非常に曖昧な答えしか返ってこなかったりもする。初めて足を踏み入れた農業の世界は、先日の助成金のことといい、こういう農地の問題であったり、面食らうことも多い。

「よく見ると、左半分の方にほじくり返した穴が集中してますね。右半分は、僕らも鍬で耕していた時、結構浅めでカツンって硬い岩盤みたいなのに当たったりしたことがあったじゃないですか」

なるほど。そう言われて改めて畑を見渡すと、ボコボコ具合が左右でかなり違う。同じ畑の中でも、土の性質が違うなんて想像もしていなかった。

「もともとの土の性質の違いもあるかもしれませんし、それぞれの場所でどんな作物を育てていたかによって土も変わっていくんですよね」と教えてもらって、初めて、油井君が前に言っていた「土作り」という言葉の意味に触れた気がした。

どんな野菜を育てていこうかということばかりに意識がいっていたのだけれど、そもそも土がなければ野菜は育たない。土は、いわば野菜のお母さんだ。お母さんが健康じゃなきゃ健康な子供は育たない。だからこそ、野菜を育てる前に、まずは、畑の土を育てるのだ。こんな一番肝心なことさえ忘れている自分が恥ずかしいというか、情けなかった。

この頃には、有機農家への取材も増えていたので、その度に「有機農業とは、土作りから始まる」と、何度もお話を聞いていたし、自分で原稿も書いていた。

土を健康にするために、藁や茅を敷いたり、すき込んだりするだけでなく、全国のそれぞれの気候風土に適った土作りに試行錯誤してきた農家のエピソードにはいつも胸を打たれていた。前出のオリーブ農家の山田さんや、お茶農家の北村さんの話を聞きながら、土作りの難しさや大変さは十二分に分かっているつもりだった。だから、蒜山耕藝のブログに感激もしていたのだった。でもそれは、頭で分かったつもりになっているだけだった。

アスファルトの道を引っ剥がしたら、そこには土がある。そんなことさえも忘れている。自分でも驚くくらい、無自覚のうちに、自分自身を自然の営みから切り離している。体もそうだけど、ずいぶんと頭の中というか本能的な部分が鈍っている。職業病って言葉もあるけど、今の自分をたとえるなら都会病だ。

僕たち人間自体も自然なのだ。ビルや車やコンクリートの道とか、人工的なものに囲まれている内に、自分までもが人工的な街の一部になったような錯覚に惑わされている。身体がどんどん置き去りにされていく。ずっと、こんな風な感覚で暮らしていたら、その内、生きていることすら忘れてしまいそうだ。

だが、畑にいる時は、頭で考えるよりも、五感を一番大切にする。晴れとか雨とか、暑いとか寒いとか、そんなありきたりの言葉で、その日、その場所、その瞬間を判断することはない。刻々と変わっていく天候や野菜の状態をじっと見つめる。昨日と今のわずかな変化を仔細に眺める。それが成長なのか、それとも、そこで何かしら「変だな」と違和感を感じる状況なのかを見極める。

「野菜の声に耳を澄ます」なんて言うと、カッコつけてるような感じがするが、それでも野菜は言葉を持っていない以外は、僕らと同じで、そこで生きている唯一無二な命を持った存在なのだ。機嫌がいい時もあれば悪い時もある。肩が凝ったらマッサージをしたり、熱っぽかったらあったかくして早めに布団にくるまるように、野菜も調子が悪いようなら労ってあげなければならない。そんな風にして野菜を健康な状態に保ち、育てることが、農薬や化学肥料を使わない油井君の農業のやり方なのだ。そして、その農業におけるベースとなるのが、野菜のお母さんである土を健康（＝豊か）な状態にする土作りだ。だからこそ、土作りが大切になるのだ。

ただ、土作りと一口に言っても、農家によって使う資材やその組み合わせ方は千差万別だ。やり方は無限にある。

化学肥料を使わないと聞いた時、一番最初に思い浮かんだのは、肥溜めだった。子供の頃、どこで見たかも覚えていないくらいのうっすらとした記憶だけど、畑の隅っこに置かれていた、たぷんとした液体が放つ強烈な匂いだけは覚えている。今でこそ、人糞を使っている人は少ないと思うが、牛や鶏などの家畜の糞を使っている農家は多い。それでも、油井君はそういった動物性のものも一切使わない。

「動物の糞って栄養が過剰なんです。それは、餌に原因がある。なぜかっていうと、牛や鶏を出来るだけ早く、大きく育てるために作られた餌を食べているわけですから、そこから出る糞も栄養分がたくさん含まれているんですね。それだけ聞くと、たくさん栄養が土にも与えられるんじゃないのって思うかもしれないですけど、そうじゃないんです。土に糞を撒いても、それはあくまで土の表面上にしか効果がない。それは肥料ですよね。僕は肥料は使いません。土の力で育てるんです」

この、肥料と土作りの違いは、僕のような農業のほんの端っこを齧っただけの人間ではきちんと説明するのが難しい。うまいたとえも見つからないが、野菜は7割近くが土の力で育つとも言われている。だから、こうして畑の表面にお化粧をする肥料的なやり方をしても、化粧と同じで、肥料の効果が消えてしまえば、その畑では作物は育たなくなる。そんなやり方をするよりも、体質を根本から改善するのと同じように、土自体の調子を整えて、土自体に力を蓄えさせることが肝心なのだ。そのために、イネ科、豆科、根菜類の順番で作物を作っていったりして、何年もの長い時間をかけて土作りをしていく。

だから、一言で有機農業と言っても、有機JASに認定されていたとしても、肥料を使うやり方と、油井君のように肥料を使わないやり方では決定的な違いがある。

肥料を使うやり方は、ある意味では土を単なる野菜を育てるための道具と見ているように思える。一方で、油井君のようなやり方は、出来る限り自然の摂理に則って、自然のルールやサイクルを尊重しながら、ほんの少し分け前をもらうような、自然との共生を目指している。

つまり、ここで出てくる農法の違いは、そのまま農家さん自身の野菜に対する考え方や自然への思いの違いが出ているように思える。こんな風に書いていくと、肥料を使わずに野菜を育てている油井君のやり方のほうが優れているかのような印象を与えるかもしれないが、そんなことはない。

ただ、どちらが好きかと聞かれれば、僕は油井君のようなやり方のほうが好きだ。それは、

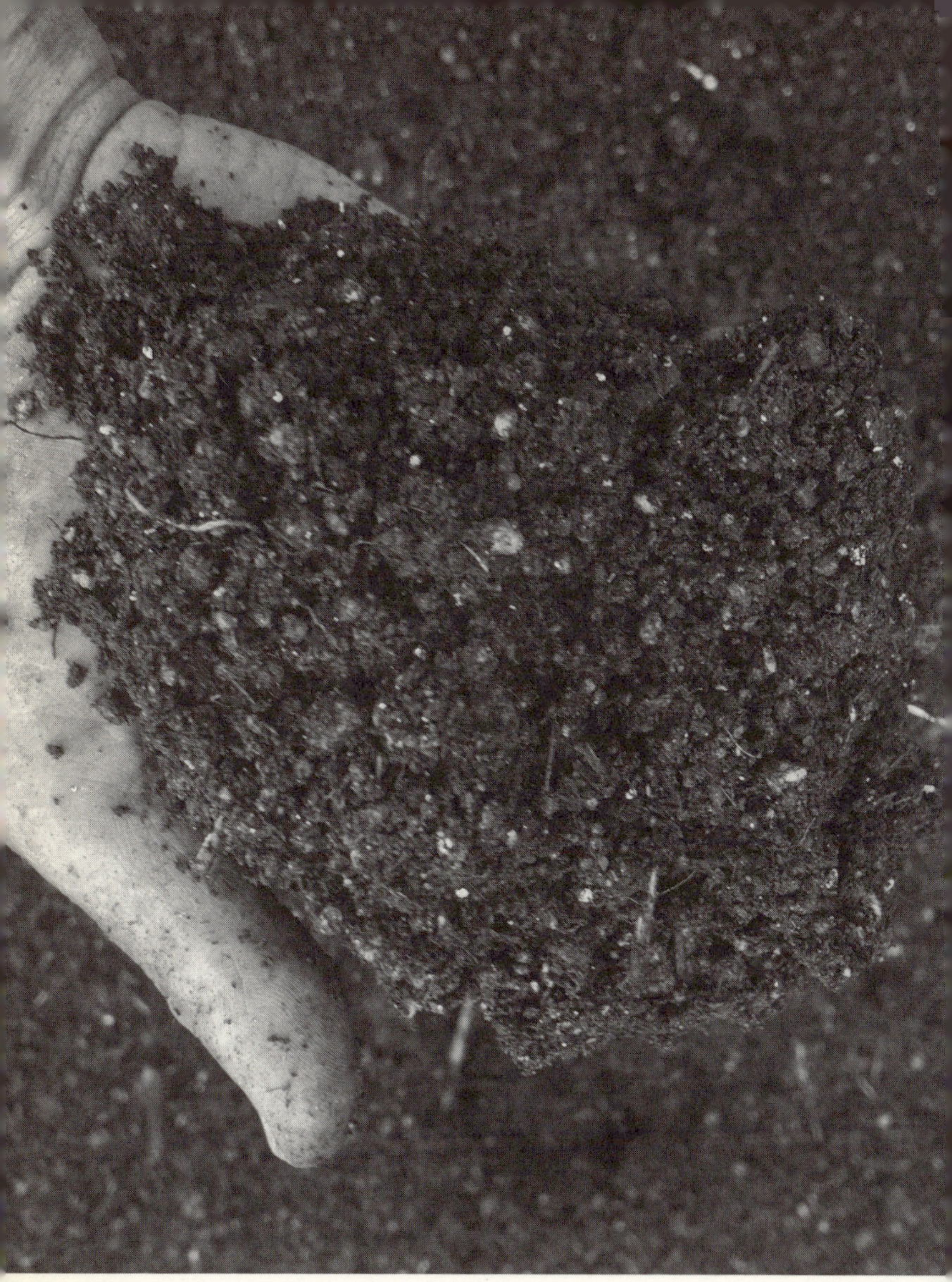

油井君のやり方のほうがグルーヴがあるからだ。

野菜を育てるのに必要な成分は、窒素、リン酸、カリウム、カルシウム、マグネシウムの五大要素と言われている。それぞれに異なる特徴があって、窒素は植物を大きく生長させる作用があり、特に葉っぱを大きくする働きがある。リン酸は花や実を大きくし、カリウムは根っこを育てる。カルシウムは、病気への耐性を強化して、マグネシウムは葉緑素を作る。

育てる作物によって、多少の違いはあるが、ざっくり言えば、これらの要素がバランス良く含まれている土が、いい土だと言われる。じゃあ、肥料も使わずにどうやって土作りをするのか。ここで登場するのが微生物だ。

微生物というくらいだから、すべてに名前があるわけではないが、例えばバクテリアくらいなら誰もが聞いたことくらいはあるだろう。土1gの中には、こうした目には見えない名前もないような微生物が、なんと100～1000万もいる。

こうした微生物は有機物を分解することでエネルギーを得ているのだが、微生物が有機物を分解してくれると、土の組成が良くなる。組成というと難しく聞こえるかもしれないが、要はバランスが取れて、なおかつ根が張りやすいような柔らかなフカフカの土になっていく(ちなみに油井君の畑の土は、年々、フカフカ度が増していて、歩いているだけでとても気持ちがいい)。

野菜をはじめとする植物は、土の中で栄養を吸収するのが苦手で、根の張れる範囲でしか栄養は吸収出来ないし、有機物自体から直接栄養分を取り込むことが出来ないので、こうして、微生物が有機物を分解してあげることで、グッと吸収できる栄養分が増える。根が張れる範囲も広がるので、さらに生育も助けられるのだ。

先ほど、油井君のやり方のほうがグルーヴがあって好きだと書いたのは、こんな風に、微生物や土や野菜のすべてが循環して、すべてが繋がっていることを知ったからだ。

雑草も抜いたら捨てるのではなく、そのまま土の上に置いたり、すきこんだりする。藁や茅に木屑を混ぜて、しばらく畑の横で寝かせておいて発酵させて微生物を増やしてから畑に入れる。雑草を抑えるためも兼ねて木屑だけを畑に撒いたりもする。

自然の中で、自然の色んなもの同士がセッションすることで、野菜が育っている。油井君の野菜は、土のグルーヴの結晶だったのだ。

こうして自分で畑作りをしていくことで、ようやく「土作り」の意味と大切さを、理屈ではなく、リアルな感情として理解出来た。

リアルな感情は何よりも力強い。純粋に胸の奥から湧き上がってくる感情に嘘や誤魔化しはない——その時に、weekend farmersでやろうとしていることには、僕たち自身でも気付いていなかった価値が潜んでいるのではないかと思った。

それは、このリアルな感情の共有だ。

まえがきでも書いたが、畑の楽しさや歓びを伝えようとするたびに、いつも上手く言葉にすることが出来ずにもどかしい気持ちがあったのだが、考えてみれば、誰かを好きになった時に、友人にその理由を上手く伝えることが出来ずにもどかしい気持ちになった経験なら、したことがある人も多いはずだ。

「好き」という圧倒的なリアルな感情が高まれば高まるほど、「優しいから」とか「面白いから」といった言葉でその人を「好き」な理由を説明しようとしても、説明しきれない時のあのもどかしさだ。でも、誰かを好きになったことがある人なら、誰かを好きになった時のリアルな感情自体は共有出来るから、男でも女でも恋愛の話は盛り上がる。

それと同じように、畑での土作りの意味や大切さを、自分自身の肉体を通して、リアルな感情として手に入れる事が出来たら、野菜を育てるスキルや収穫する歓びだけじゃなくて、畑の、農業自体の楽しさを共有する事が出来るようになるのではないか。

weekend farmersを立ち上げた意図は、油井君が農家として自立できるようになることだ。そして、そのためには、まず、油井君の野菜を食べてもらい、ファンになってもらうことが先決なので、どんな畑で、どんな風に育てているのかを知ってもらうために畑に来てもらおうと思っていた。だけど、それだけなら、単に自分たちの商品を売るためだけの戦略にしか過ぎなかった。

自分自身が、どうして、こんなに夢中になってweekend farmersに没頭出来るのかを置き去りにしていた。

これまでも「野菜は育ててみたいけど、自分には難しそうだから」と言って、尻込みをする人が多かったと思う。僕自身がそういうタイプの人間だった。農的な暮らしへの憧れはあるけど、何かしら「やらない理由」を自分で見つけては、それをエクスキューズ代わりにして、それを実践出来ない自分を正当化していた。

今の僕には、そういったややこしい悩みはない。

これは、僕みたいなズブの素人でも快く畑に迎えてくれた油井君のおかげだ。

畑に両膝をついて、這いつくばるようにして草をむしっている時の、畑と抱き合っているような一体感。そして、その草むしりのおかげで、日に日に勢いを増して育っていく作物の姿を目にした時の高揚感。

畑に通うようになってから、僕は自分自身の内面が日に日に変化していくのを感じていた。自然に逆らわずに、丁寧に野菜を育てていく行為を通じて、暮らしていくことの意味や大切さを噛みしめるようになっていた。畑や農業と出会ったことで、気持ちがどんどんシンプルになっていった。

僕のそれまでの人生は、10代で出会った小説とロックンロールがくれたエネルギーをガソリンにして走ってきた。それが、40代になってから、まさか、もう一度自分の人生を大きくドライブさせてくれるほどの出会いが待っていたなんて。これだから、人生は面白い。

こんなことばかり言っていると、プロの農家の人からは「都会の人間の遊びは気楽でいいね」なんて言われそうだが、楽しい遊びじゃなきゃ農業自体にいつまでたっても誰も関心なんか向けない。本業にする必要なんてない。ゴルフやスキーの代わりに、農業が趣味になってくれればいい。

農業には人生を変える力があるんだ。

農業が僕に与えてくれたもの。それは、誰に対しても与えられるものだ。その上で、畑に通えば通うほど、美味しい野菜を育てることがいかに大変なことなのかが身に沁みて分かるようになる。そうなった時に、初めて、油井君がしていることの大変さや凄さやありがたさが紛れも無い事実としてストンと腑に落ちるのだ。

下手な戦略を練るのはやめよう。自分が体験したことそのものをみんなにも体験してもらおう。そうすれば、僕と同じように油井君の野菜のファンになったり、応援してくれる人も増えるはずだ。時間はかかるかもしれない。でも、そうやってリアルな感情で繋がれたら、こんなに強い結びつきはない。

そうすれば、自分で野菜を育てる楽しみを知った趣味的農人が増えるかもしれない。趣味的農人が増えることは、油井君のような小規模農家にとってもありがたい労働力になる。いつも僕が嬉々としてやってる草むしりなんかがいい例だ。僕のようにたまに畑に行く人間にとっては楽しいレクリエーションでも、毎日毎日、畑とそれこそ格闘している油井君にとっては、大変な作業だ。抜いても抜いても生えてくる草を見ると、本当に心が折れそうになるらしい。誰もいない畑で何日もひたすら草を抜いていると頭がおかしくなりそうになると油井君は言っていた。そういう地味な作業を僕らのような人間がワイワイ喋りながらやっていくと、一人だと3日くらいかかる作業も半日程度で一気に終わる。つまり、畑の生産性や効率性が格段にアップすることになる。

こんなに見事な「きれいごと」の好循環もそうそうないだろう。

6 はじめての種蒔きイベント

イノシシがボッコボコにしていった畑の整地を終えた。

さあ、ここがweekend farmersの、僕たちの畑だ。

夕陽に照らされた畑。まだ、何も育てていないけど、ここでどんな野菜を、どんな人たちと、どんな風に楽しみながら育てられるのか。考え始めたら、ワクワクが止まらなくなる。

早速、初めて友達を畑に招待するイベントを企画するために、3人で畑で相談した結果、初めての野菜をトウモロコシにすることにした。

その話をする直前に、ある農家を取材する機会があって、その農家に「トウモロコシは、収穫して24時間以内で糖度が半分以下になっちゃうんだよ。もぎたてのトウモロコシを食べてもらいたいね」と言われたことが頭に残っていた。子供の頃から、真夏の太陽の下でかぶりつくトウモロコシが大好きだった。それが、糖度が半分以下だったなんて驚きだった。だったら、それこそ、「育てて、食べる」っていう僕らのコンセプトにこれほどハマる野菜はないんじゃないかと思った。

二人にその話をすると、即採用。自分たちだけでやっていると、話が早い。

そこで、まずはweekend farmersとはどんな団体で何をしようとしているのかを分かってもらえるような簡単な挨拶文を作って、友人たちに送ることにした。それは、こんな文章だった。

育てて食べる、畑の八百屋。
野菜を食べることは
野菜を育ててくれる畑を食べること。
だから、畑が健康で丈夫でいてくれるように
ほんの少し手間はかかるけど、農薬や肥料は使わない。

そうすれば、子供たちとも安心して
一緒に野菜の美味しさを分かち合える。

種をまいたり、雑草を抜いたり
ほんの少しでも自分で汗を流して育てた野菜なら
もっと美味しい。それに、嬉しい。

誰もが気軽に立ち寄れて、
農作業を楽しんだり、穫れたての野菜を味わったり
そんな、畑でつながるコミュニティ。

育てて食べる、畑の八百屋へようこそ。
We are weekend farmers !

「こんなこと始めるよー」と、この挨拶文を掲げ、サイトとfacebookのページを作った。そして、一発目のイベントである、トウモロコシの種まきへの案内も送った。


weekend farmers opening event
トウモロコシ祭り～春の種まき編～

記念すべきオープン初日の農体験になります。

選んだ野菜はトウモロコシ。なぜ、トウモロコシを選んだかというと、こんな話を聞いたからです。

「トウモロコシっていうのは、収穫して1日で糖度が半分に落ちる」

え？　ということは、私たちが口にしてるトウモロコシは、甘みが半分以下になった、トウモロコシ本来の味わいからは程遠い、いうならば、トウモロコシの水割りみたいなものなのか…。

ならば、それこそ「育てて」収穫したその場で「食べる」と、一体どれくらい美味しいトウモロコシを味わえるのでしょうか。

今回は、真夏の収穫に向けて、トウモロコシの種まきを行います。

8月にはトウモロコシの収穫体験も実施しますので、
その時には、真夏の畑でたっぷり汗を流して、
本当のトウモロコシを味わってもらいたいと思います。
日時　5月24日（日）10時~17時
　（開園時間中は何時からでもご参加いただけます）
定員　20組
内容　トウモロコシの種まき
　畑の肥料になるカヤの引っこ抜き合戦
　スクスク育てる畑の支柱立て
　薪と釜でのご飯炊き
　採れたて有機野菜たっぷりの昼食
　※お米は、山形県の遠藤五一さん
　（『米食味分析鑑定コンクール』で5年連続金賞受賞した
　「日本一の米職人」と呼ばれる達人が手塩にかけて
　育ててくれた完全無農薬、天日干しのお米を使います）

メールやfacebookを通じて連絡したのだが、友人たちのリアクションが思っていたよりも早くて驚いた。

「農業やってるの？」

「畑とか自然の中で遊ぶのって楽しいよね」

「一回遊びに行きたい」

「もぎたてのトウモロコシ食べてみたい」などなど。

感想は様々だけど、ほとんどが都内を中心とする都市部に暮している友人たちが、一様に農や畑に関心を持ってくれたことも驚きだった。嬉しかった。

自分がいいなと思うことを人に紹介したら、その人も楽しんだり、喜んだりしてくれる。こういう行為を雑誌などのメディアを使ってする仕事を編集者というが、この一発目のweek-end farmersへのリアクションで、僕は、これこそ編集者の仕事だと感じた。

冬の畑で食べたホウレンソウに感激した。それをどこかで原稿として発表するのがいつもの仕事の流れなのだが、今回は、それをそのまま友人に伝えた。すると、それを聞いた友人たちが面白がったり、興味を持ってくれて、今度、畑に遊びに来るという。

紙の媒体は使わない代わりに、畑が、そのまま人が集うメディアになっていく。そうすれば、自分が体験したことも、そのまま来てくれた人たちにも体験してもらえる。紙でもweb

でもない。畑という圧倒的なリアリティを体験してもらうこと。これが、weekend farmersでの自分の役割なのだろう。この先、どんなことになっていくのか、まったく先が見えない船出にもかかわらず、僕の頭の中は楽しい妄想ばかりで溢れていた。

そうして迎えたイベント当日。降水確率100%の天気予報を見事にひっくり返して五月晴れ。お天道様まで味方してくれた畑には、12名の大人と6名の子供が集まった。街で遊んでる時のまんまの格好だったり、キャンプに行くみたいに、アウトドアチェアを持参したり、それぞれが思い思いのスタイルでやってきた。

おそらく、想像していた畑の姿とは違っていたと思う。みんな優しいから口には出さなかったけど。草刈りを終えて、一応、作物が植えられる状態までは整えただけで、もちろん他に育っている野菜もないし、あちこち草は茂ったままだったので、少しがっかりさせたかもしれない。

ただ、僕らとしては、開き直ってるわけではないけど、自分たちができていない部分も見てもらうことで、農業の大変さも知ってもらえるんじゃないかと思っていた。その上で、みんなも僕らと同じように、一緒になってこの畑を育ててもらいたいとも思っていた。挨拶文で書いた、「育てて食べる」の「育てる」とは、野菜だけを育てるのではなくて、野菜を育てる環境自体も育てようという気持ちを込めていた。

最初に反応したのは、やっぱり子供たちで、今日初めて出会ったばかりだというのに、すぐに打ち解けて畑の中を走り始めた。

車の心配もないし、転んだところで下は土だから安心だ。追いかけっこをしたり、虫を見つけたり、畑に残してある栗の古木によじ登ったり、次から次へと遊びを見つけ出す。

今日のために藤野電力で作った太陽光発電システムも持ってきた。いつものように、心地良い音楽を流し始めて、僕はコーヒーを淹れて、ツッチーは釜で米を炊くための火起こしを始めた。油井君がみんなにトウモロコシの種を手渡していくと、ビビッドなピンク色をした種に、みんなが一斉に、

「なにこの色!」

と言って驚いている。それは、種子を消毒する殺菌剤と鳥の害から守るための着色なのだが、誰だって言われなければ、まさかこれがトウモロコシの種だなんて分かるはずもない。でも、この種の姿を一度覚えたら、スーパーやお祭りの屋台でトウモロコシを見たときに、必ずこの種のことを思い出すはずだ。あの種から、頑張ってここまで大きくなったんだと思うだけで、トウモロコシへの慈しみさえ生まれるかもしれない。

こうやって、少しずつ、自分が普段何気なく口にしていた野菜のことを知るだけでも、味わい方だって変わる。無駄にしたくなくなるはずだ。そうすれば、自ずと暮らし方も変わる。

偉そうに言うつもりは全然ないけど、少なくとも僕は変わった。パパやママに教わりながら、一生懸命種蒔きを手伝っている子どもたちもみんな真剣な表情だ。

畑の4分の1ほどの面積で行った種蒔きは午前中に終わった。

「いやー、農業面白いよ」

「こうやって蒔いた種から、本当にトウモロコシが出来るんだね」

冷えたビールに喉を鳴らしながら大人たちが言えば、

「これは、僕が種を蒔いたトウモロコシだから印をつけよう」

と言って、子どもたちは小石を置いている。

この場にいる全員が笑っている。満ち足りたみんなの表情を見て、伝わったと思った。胸の中でガッツポーズ。

この日は、みんなに油井君の野菜の美味しさを知ってもらうために、あらかじめランチも用意していた。作ってくれたのは、地元の料理人・遼君。水菜やからし菜をはじめとしたサラダハーブとラディッシュが山盛りのフレッシュ・サラダ。ニンジンとサヤエンドウの煮物。ジャガイモと自家製ベーコンの炒め物。特製のタレにじっくり漬け込んだ豚肉のソテー。ご飯は、釜と薪で炊き上げた、日本一の米職人の遠藤五一さんのコシヒカリ。日頃から、地元のレストランで油井君の野菜を使って料理をしている遼君は、油井君の野菜の美味しさを最大限まで引き出していた。

数年前まで、しょっちゅう真夜中の青山や西麻布辺りで一緒に呑んだくれていた友達が、サラダを一口食べて、

「美味い！」

と、叫んだ。

その一言が引き金となって、その場にいた大人たちの会話も弾み出す。ママたちは、遼君に料理のレシピや調理法を聞きながらランチを頬張っている。子どもたちは、全員ほぼ無言。一心不乱になって食べている。

昨日までの、静かな畑の姿が嘘みたいに、笑顔とはしゃぐ声が飛び交うピースフルな空間に変身していた。

「大成功だね」

油井君とツッチーとがっちり握手。規模は本当に小さなものだけど、ゼロからすべて自分たちで作り上げてきた。僕らがやろうとしてることは、間違っていなかったと改めて思った。

意外なほど、みんながもっと農作業がしたいオーラを放つので、ランチの後は、油井君の畑の収穫を手伝うことにした。そこでも、ニンジンの収穫を始めると、いつの間にか、誰が一番大きいニンジンを収穫出来るか比べあったりして、畑で即席のコンテストが始まった。

最初は、やみくもに片っ端からニンジンを抜いていたのだが、誰かが、「どうやらニンジンの大きさは、土の上に顔を出している葉の大きさに比例するんじゃない」と発見すると、「なるほど」と、一同納得。葉の伸びたニンジンを探し始める。こうして実際に、畑でしか体験出来ない発見に興奮したり、感心したりしていると、服や手が土まみれになることもどうでもよくなるようで、みんなでたっぷり日が暮れるまで畑で遊んだ。

最後に、お土産に油井君の野菜をどっさりみんなに手渡した。

すると、海外でも度々個展を開催している現代アートのアーティストでもある友達が言った。

「これって、一番、新しいパーティーじゃない」

農業をオルタナティブなカルチャーとして捉えた彼女の一言は、実に示唆に満ちていた。

自分たちは、高校生バンドのデビューライブなんて話していたけど、この日のことが僕たちの周りのコミュニティに口コミで伝わっていった。

それから、数日後、渋谷で働く、とある人物からメッセージが届いた。

渋谷の農家、旅に出るパート3

農家だからできること

ニンニク

「徳之島では、毎日、なにかしらニンニクを使った献立が並ぶ。
それで、「ニンニクの茎の漬物を開発したの」

ニンニク、果樹農家 ―― 福留ケイ子 ―― 鹿児島県・伊仙町

　ある日、油井君に、

「新しく畑を借りるので、そこの一角で好きな野菜を作ってみませんか」

と言われた。

「何を育てようかな」——色んな野菜が頭の中に浮かんでは消えていく。

「好きな野菜か」——その時、徳之島で食べたニンニクを思い出した。

　僕は大のニンニク好きだ。青森の田子産を始め、スーパーで珍しい国外産のニンニクを見かけると、買わずにはいられない。

　そんな僕のニンニク番付において、不動の横綱、ナンバー1の座を占めているのが、有機

農業には向かない土地と言われてきた、鹿児島県徳之島で福留ケイ子さんがおよそ20年近く育て続けているニンニクなのだ。

一年中雑草が伸び、土分解が早く、肥えた土作りが難しい亜熱帯性気候と、何より、新鮮な作物を出荷するのが難しい離島という立地。困難を乗り越えて育て上げた作物をどうやって活かすのか。悪条件の中から福留さんは、島だからこそ出来る六次産業化（加工品の開発や販売なども手がけること）を生み出した。そのひとつが、あの最高のニンニクだった。

もう一度、あのニンニクを食べたい。それが、自分で育てられたら最高だ！

鹿児島から南へおよそ500km。エメラルド色の海を眺めながら小型ジェット機は徳之島の空港に到着した。タラップから降りると、南国特有のねっとりとした湿度に包まれる。サトウキビ畑と亜熱帯性の色鮮やかな花に目を奪われながら、福留さんの畑へと車を走らせた。今日は、従業員総出でニンニクの収穫をしているらしい。

すると、そこで待っていたのは、ニンニク畑の土の上を歩く、赤い長靴だった。

一般的な農家が、黒やグレーといった無骨な色の作業着姿をしているのに対して、福留さんの畑で働く女性たちは赤やピンクといった鮮やかな色を身につけている人が多い。もちろん、福留さんもそうだ。現に、畑へ出る直前にも、「私のピンクのタオルがない」と言って、家の中を探し回っていた。

「ニンニクを育てて、今年で19年になるけど、こんなに雨が降らなかった年は初めて。これまで、水なんかかけたことなかったもん、ニンニクに。そしたらね、葉っぱの色がちょっとベージュ色になってきたの。茎が痛むと収穫出来なくなるから、明日からバンバン取って、乾燥させる。大体、300kgだったら280kgになるくらいまで乾燥させるかな」

福留ケイ子さんは、今年で71歳。マンゴーやグアバ、タンカンなどの果樹やニンニクなどを栽培している。生まれ育った鹿児島県の徳之島の中で、初の有機JAS認定農家であり、島の農業女性部初代部長も務めた。いわば島の女性たちにとって、女手ひとつで稼げる農業の成功モデルを体現した第一人者である。

しかも、平成25年には黄綬褒章まで受章。福留さんの名前は島どころか、全国の農業関係者まで広く知れ渡り、各地からの視察も後を絶たない。


福留さんは、今も暮らしている徳之島・伊仙町で生まれた。中学卒業と同時に兵庫県神戸市でバスガイドになった。ところが、父の容態が急変し、やむなく帰郷。19歳で結婚。嫁いだ先は米農家だった。

「結婚した時は、農家なんて大嫌いだった。アンポンタンだったね。農に打ち込むには、手も汚くなるし、色も黒くなる。『マニキュア剥がれるから嫌だ』なんて言ってたの（笑）。

でもね、子供たちに学問させたかったから、もうシミとかも二の次、三の次になった。夜中の12時頃まで重たいサトウキビを担いだし、授業参観だってキビ畑から泥だらけの姿のまま行ってました」

だが、サトウキビの仕事は安定した収入にはなるが、値段が決められているため生活は苦しいままだった。

「貧しかったから、『野菜は買わない、味噌は買わない』というような自給運動というのかな、作れるものは自分の手で作るという生活をしたの。あの時の経験が、今の私の畑のやり方にすごく活きている」

そして「このハウスの中に入ってみて。ものすごく臭いから」とマンゴーのハウスに案内された。

臭いの元は、天井からいくつも吊るされたバケツ。そこに入っている魚のアラが腐っていて、腐臭がハウス内を漂っているのだ。これは、通常の作物と異なり、ハウスで育てるマンゴーの受粉をハエにさせるためだ。ミツバチはハウス内の熱に耐えかねて死んでしまうため、あえてアラを腐らせウジを湧かせ、ハエを産ませる。マンゴー農家にとっては、「ハエを上手く産ませられる人が、マンゴー作りも上手い」というのが、常識だそうだ。

「こういうやり方ひとつを取っても、目にした島の人からは『ハエで金儲けしてる』なんて言われたよ。それと、足下を見て。ニンニクの葉とかいろんな草を敷き詰めてるでしょ。農薬とか化学肥料を使わないで土を育てるためには、こうやって、収穫しても使わない草や葉っぱを使って緑肥を作っているの。だから、『あいつはゴミも金にする』とまで言われたよ。でもね、私は、自給運動で学んだことが、『捨てない』で『使う』ことだったの。そのことに新しい価値があると教えてくれたのが、名古屋から来た青年だった」

まだ、サトウキビ畑で毎日夜中まで必死で働いていた頃のこと。奥田隆一さんという青年が徳之島にやってきた。大手材木会社でのコンピュータープログラマーという仕事に疲れ果てた奥田さんは、癒しを求めて徳之島へやってきた。島の人たちは「都会から来た人なんて」と相手にしなかったが、福留さんは違った。

「奥田さんがサトウキビ刈りのアルバイトで畑に来たの。休憩でお茶を飲みながら色んな話をするようになった。最初は絵画や小説の話とか。それで、いつだったか『有機農業をしませんか』って言われたの。

ところが、当時の私は、『地上で農薬をかけたって土の中に作物があるんだったら問題ないじゃない』なんて思ってた。馬鹿だった。あそこから、私の人生は変わった」

「命を育むものなんだから、土を汚してはいけない」と言う奥田さんの言葉に押されて、ま

ずは家族のための自給用の作物としてジャガイモを、それから子供の頃から大好きだった花を有機農法で育て始めた。

「まず、花で有機の力を感じた。花の色、幹の太さを見て、有機の力を知った。ジャガイモもまるで味が違ったの。最初の一歩を小さな鉢植えで行ったからこそ、私でも作れたし、実感することが出来たのね。あれが、広い畑を持って、そこに立っていたら目覚めることは出来なかったと思う」

そんな折、県の普及センターから米の代わりに果樹を栽培することを勧められた。福留さんは、思い切って何代も続いた田んぼを果樹園にすることを決めた。それも有機農業でやると言うと、普及センターの職員は面食らい、「有機農業なんてとんでもない」と言った。周囲の人たちからも「馬鹿なことはやめろ」と猛反対にあった。

「試しに、ビワとタンカンを植えた。そうしたら、庭先のビワやタンカンが実によく出来たわけ。あれで自信がついた。

ところがね、それで畑をやるとなったら大変だった。だって、ここは一年中青草が伸びる気候だもん。湿度も高いし、有機には不向きなのよ。そんなこと知らなかったから。毎日、雑草との闘い。寝てても夢に草山が出てきた。それで円形脱毛症になったの。

でもね、不思議と苦しいなんて一度も思わなかった。油かす、米ぬか、魚カスとか、自然体のいいものを土に入れて、畑を微生物がたくさん成長できる場所に作り上げていく。それがいい作物を育てる土になる。島でニンジンの病気が流行った時も、ウチのニンジンは大丈夫だった。これは体験したから分かる。とにかく夢中だった。

今みたいに、国からの補助金なんてものもなかったから、必要な資材は自分で出すわけ。だから、後には引けないの。身銭を切ってるからこそ、夜中まで働けるのよ」

福留さんの口調が一気に熱を帯びた。昨今の助成金ブームとまで言えるような、国の様々な保護政策を頼りに新規事業を起こす潮流にもどかしさを感じているようだ。

「気合いが違うのよ。私のやり方を馬鹿にするようなことを言われたこともあるけど、そんな時は『私より10倍くらい広い面積の畑をしてる人でも、どこに私と同じように5人も6人も雇用している人間がおる？　いるなら連れて来なさい！』って言ってやるの（笑）」

チャーミングなおばあちゃんといった印象は、まるで海賊船の女船長に謁見しているかのように変わった。それは、男たちを相手に一歩も引かない肝っ玉の強さだけでなく、伊仙町の集落に暮らす女性たちに仕事を通してお金とやりがいをもたらしているという気概に充ちているからだ。

「だって、哀しいじゃない。女だからって稼げないなんて。だから、私は有機農業を始めてから、自分より年上のお姉さんたち、それも夫と死別したとか色んな事情で働かなきゃいけない女性を優先して働いてもらうようにしたの。中には90歳近くまで働いてくれたお姉さんもいたよ。もっとも、今では私が一番年上になっちゃったけどね（笑）」

集落の女性たちを年間を通して雇用できるような作物やシステムを作りたい。そう考え、アイデアを練り、最初に作ったのがグアバ茶だった。

「六次産業なんて言葉もなかったよ。有機を始めてから東京や大阪なんかからもいっぱい消費者グループの人たちが来るようになったんだけど、ある時『体質を変えるには、グアバが一番いい』って話してたのよ。それを聞いて、グアバをお茶にして売ってみたの。そうしたら、当たったの」

この経験は福留さんに有機農業に対する別の視点を与えてくれた。それは、徳之島で育まれてきた食文化をベースとした、新しい商品を作ることだった。

「例えば、このニンニクね。徳之島では、昔からニンニクは、実も茎も葉も食べるの。大晦日には必ず、ホルモンと大根の千切りとニンニクの葉を炒めて食べる習慣がある。とにかく毎日、なにかしらニンニクを使った献立が並ぶ。それで、ニンニクの茎の漬物を開発したの。基本的に料理が好きだから、ニンニクでも、葉も茎も使うことを考えられる。これまでに培った知恵ですよ。そこは女性ならではの視点だと思う」

茎が柔らかい内に、沖縄の塩で漬けて、ニンニク全体が塩を含むまで2、3日寝かせる。

それから、ザラメ（黒糖の粉）や醤油や酢を加える。レシピこそ、福留さんのオリジナルだが、ニンニクの漬物は母親たちも作っていた。だから、この漬物も福留さんにとっては、徳之島の女性たちの台所で受け継がれてきた郷土料理のひとつだ。

「ニンニクは青森が日本一だと言うけど、私が育てている『あまみゆたか』に比べたら、栄養素といい、甘みといい、旨味といい、とても真似出来ない。勝負にならない。私たちが勝つ。きめが細かいの。それは土の違いだと思う。

六次産業化するのに、一次産業（＝農作物）の段階で良いものを作るのは当たり前よ」

それに加えて、「ここでしか作れない」という地域性、オリジナルな商品を生み出すことが肝心なんだと福留さんは言った。

目の前の足元にあるからこそ忘れそうになってしまう、ものの大切さを教えてくれたのは、奥田さんや消費者グループの人たちだったという。

「人に恵まれてるの。後から振り返ると、『ここだ』っていうタイミングで出会いがある」

実は、僕もささやかな貢献をした。福留さんのニンニクの茎漬けはこれまで2ヶ月漬け込んで出荷しているのだが、撮影用に、漬けて一週間ほどの茎を見せてもらったことがあった。

「一口いいですか」と、試しに食べてみると、それがなんとも瑞々しく、同時に、19年間継ぎ足し続けてきたタレの味と絡み合う。めくるめくニンニクの世界に一発でKOされた。こんなニンニク食べたことがなかった。

以来、これが、僕のナンバー1ニンニクとなったのだが、福留さんも一口食べると「これは美味しい！　いい発見ね」と言って、茎の浅漬けも新商品として発売することをその場で決めたのだった。

翌日、早朝から、福留さんは作業場を走り回っていた。

「昨日、浅漬けを食べて美味しかったから、残りの分も全部引き上げて、新商品に変えることにしたのよ。

きっとまた喜ばれると思う。いい発見でした。だから、畑もそう、加工品もそう。これで満足がいくというものは出来ないよ。常に、これでもか、これでもかって」

大の料理好きで「有機農家にとって必要なのは美味しいものへの舌の感覚を研ぎ澄ますこと」と言う福留さんに、最後に有機農家という仕事はどういう仕事かと尋ねた。

「世の中には、中々、個人の力量の限界もあって思い通りにならない仕事もあると思う。その点、有機農業はやったらやった分だけ、手を抜いたら手を抜いた分だけの成果が出る。正直な仕事。努力を裏切らない仕事だと思います。だからね、もっともっと理想に向かって生きていきたい。歳を重ねるほどに、理想に生きていきたいのよ」

柑橘

「私たちは、二つの作品を作っているんです」

リモーネ（柑橘農家）――山﨑学 山﨑知子――愛媛県・大三島

旅の最後に、愛媛県の大三島を訪れた。

柑橘農家の山﨑学さん・知子さん夫妻に会うためだ。

山﨑さんは、夫婦で農家として働きながら、島内でリモーネというお店も経営しており、そこで、自分たちが育てたレモンから作っているお酒・リモンチェッロや、レモネードなどを始めとして、たくさんのオリジナル商品を作り出して販売している。

オリジナル商品という意味でいえば、山田さんのオリーブオイルや北村さんのお茶、上野さんの麻の実や麻炭もそうだし、お店という意味では、蒜山耕藝のくどにも通じるものがある。

これからの農家、とりわけ有機農業を実践している農家にとって、ただ単にいい作物を育てるだけでは生き残ることすら難しい。それは、これまで文中でも触れたし、僕自身、日々、痛感していることだ。

ゆくゆくは、僕自身、トマトケチャップやニンジンのジュースなどの加工品も作っていきたいと考えているので、無農薬での栽培が難しいと言われる果樹、それも柑橘を育てながら、次々と新しい商品も生み出し、お店も順調に経営されているお二人に会いたかった。

農家だからこそ出来ること。農家だからこそ、作れるものとは何か。それを手に入れた時、有機農家にとって、新しい道が開かれるのかもしれない。山﨑さん夫妻は、これからの農家のオルタナティブな姿を体現している。

愛媛の今治から、広島の尾道までを結ぶしまなみ街道を走っていると、穏やかな瀬戸内の海に次々と大小様々な島々が見えてくる。静かな海面が陽光を反射するようにキラキラと輝く景色を楽しんでいると、あっという間に大三島に到着した。

夫の山﨑学さんが最初に案内してくれたのは、傾斜地にあるみかん畑だった。畑は、さっき車で通ってきた瀬戸内海に面していて、見晴らしがいい。

「柑橘農家は、三つの太陽っていうんですけど、空の太陽と海に反射する陽光、それから地面からの照り返し。この三つの太陽があると、柑橘の栽培には適してると言われてまして、そういう意味では、ここはものすごく条件がいいらしいです」

山﨑さん夫妻は、2008年に東京から移住してきた。

「もともと、農家の暮らしに憧れていたんです。ゆっくりした時間みたいなイメージで。実際は、まるで違いましたけど（笑）」

学さんは東京、奥さんの智子さんは横浜出身。二人とも、同じ会社で働いていた。農業経験はなかった。ある日、将来の参考にでもなればと、Iターンをして農業に勤しんでいる人たちを訪ねた。

「当時、30代後半でした。訪ねてみると、同年代の方たちがものすごく頑張っているんです。その姿を見ていたら、本当に農家になるつもりなら早く始めた方がいいなと思って、妻に相談したんです」

「まさか、自分が農家になるとは思ってもいなかった」という知子さんは、「農家って、悪く言うと、世の中の底辺的な仕事だと思っていた」と言う。

ところが、実際に移住して先輩農家さんたちと知り合うにつれて、農家という仕事に対する見方が180度変わった。

「農業って技術なんですよね。例えば、いかに収量をあげるかとか、いかに綺麗に作るかとか。みなさん、すごく工夫して作物を作っている。だから、作物は作品なんですよね」

作品という意味では、二人には、就農する時から作りたいものがあった。それは、イタリアのお酒リモンチェッロ。

「妻がイタリアに留学に行った時に、まず『リモンチェッロ』と出会って。その後、僕もイタリアに行った時に飲んで、二人で『いつか、国産のレモンでリモンチェッロを作ってみたいね』なんて話していたんです。

それで、いざ、移住して就農しようと考えた時に、リモンチェッロが頭に浮かんだんです」

レモンの栽培に適した場所を求め、辿り着いたのが大三島だった。

「移住してみると、他にもIターンしている方々が結構いました。ただ、僕らと違ったのは、皆さんは自給自足派だったんです。

でも、僕らは『こういう夢がある』とはっきり口にしてました」

動くのは早かった。3月の終わりに移住して、7月には愛媛県・西条市にある成龍酒造さんと話をまとめた。知子さんは話す。

「これは後から聞いたんですけど、酒蔵さんも、『ほい来た。じゃあ、やりましょう』とは、なかなかならないそうです。というのも、レシピを仕上げて、リモンチェッロ作りも自分たちでやるからとまで言ってきた人はいなかったそうです。『委託でお願いします』とか『そちらで味を決めて下さい』みたいな話が多かったらしくて。

私も自分でお店の商品を開発するようになって分かるんですけど、ボヤッとした感じだと作れないんですよね。でも、『これだ!』と思ったらそれに向かって作れます」

リモンチェッロとは、イタリアで生まれたレモンのリキュールだが、ふたりはイタリアの味をそのまま再現しようとは思っていなかった。

「だって、じゃあ、イタリア人が日本酒を造ったとします。でも、そのお酒って、絶対に所謂、日本酒と同じにはならないじゃないですか。でも、イタリアのお米とイタリアの水で仕込んでるって聞いたら、それだけで面白いし、飲んでみたくなりますよね。

だから、もちろん、基本的なレシピは受け継ぎながらも、自分たちだからこそ出来る、日本の農家だからこそ出来るリモンチェッロを作ろうと決めてました」と知子さん。

決めていたことはもう一つあった。有機栽培は難しいと言われるレモンを含めたすべての柑橘を無農薬で育てることだ。学さんも言う。

「リモンチェッロって、皮をお酒に漬け込んで作るんです。もし、農薬を撒いて栽培していたら、農薬をたっぷり吸い込んだ皮を使うことになりますよね。それはしたくなかった。

今から考えると、農業に関する経験が全くなかったからこそ、他の人からすると無謀に思

Limon cello
Limon cello
大三島リモンチェッロ/ネーブルチェッロ
2014年　春から限定数のみ
販売になりました♪
リモンチェッロ・ネーブルチェッロ
大きめボトル
ご要望にお応えして発売となりました。
年間限定本数です。
無くなり次第終了となります。
大三島　ピンク　リモンチェッロ
リモンチェッロの新酒が仕上がりました。
エキゾチックな味わいに仕上がりました。
無くなり次第終了。
Limonecello
Navelcello

えることに取り組めたのかもしれません。

だから、僕らが有機JASを取得したりするのも、地球環境のためなんてことは言えません。まあ、仮に思っていたとしても、そういうことは口に出すことではないとも思いますが。いずれにしても、僕らは、僕らが作るリモンチェッロを喜んでくれるお客様がいると思っていたから、そのお客様たちのために作ろうと思っていました」

そもそも、日本とイタリアでは酒税法が異なるので、同じような作り方が出来ないことは、後々知った。あらゆることが初めてだらけで、驚くことばかりだった。そんな中で、お店も開業することになったのだが、それも成り行き上、止むを得ず始めたことだ。

「リモンチェッロを作ってくれる酒蔵さんが決まったら、税務署の方から店舗を構えてくれと言われたんです。リモンチェッロを販売するには酒造免許が必要になるんですけど、その免許は店舗に対して発行されるって聞かされて」

まるで、ロールプレイング・ゲームのように、難題を一つクリアすると、すぐに次の難題がやってくる。それでも、二人は一切ひるまなかった。移住して、一年後の5月には開業した。

「あの時、初めて、助成金をもらおうと思ったんです。でも、その準備を進めていく内に、夫から『自分たちのやりたいことを、他人のお金を使ってやることは間違ってるんじゃないか。自分たちのやりたいことは、自分たちの貯金でやろう』って言われて」

とはいえ、潤沢な貯金があったわけではない。

「移住してきて、最初の2年間は、新規就農の給付金を年間90万円もらっていましたが、月にすると7万5千円です。それじゃあ、とてもじゃないけど食ってはいけない。ものすごい勢いで貯金も減っていきました。

もちろん焦りはありました。周りからも『リモンチェッロが軌道に乗るまでは、野菜を育てて販売すればいい』と言われました。ただ、それをやっちゃったら、日銭が入ってくるようになるじゃないですか。そうすると、その日銭を追いかける負のスパイラルに陥ってやめられなくなるような気がしたんです。それだったら、農業とは全く関係ないことでお金を稼ごうと思って、アルバイトもしました」

学さんが自宅の工房に連れて行ってくれた。まず、目に留まったのは、ガレージに吊るされていたサンドバックだった。

「東京にいた時、ボクシングをしていたんです。一応、プロのライセンスも年齢ギリギリの時に取ってます。実は、来年、オヤジファイトに出てみようと思って、今治のキックボクシングジムに週に1、2回ですけど通ってるんです」

サンドバックの横に、トレーニング中にかけている音楽CDが無造作に置かれていた。一番手前に置かれていたのは、アメリカのパンクバンド「RANCID」だった。僕もパンクは大好きだし、ボクシングも大好きだ。ボクシングと農業って通じる何かがあるのだろうか。

「すぐに結果を求めずに、粘り強く、先を見ながら進んでいくっていうのはボクシングと共通するかもしれませんね。

僕は、新しい樹を植える時は、接ぎ木じゃなくて苗木から育てているんです。接ぎ木はすぐに収穫できるようになるんですけど、長い目で見たら、苗木から育てたほうがいい。

それに、こんな小さな苗木の時から、将来的には、どんな樹形にしようかを念頭に置きながら栽培するのも、すごく創造的だと思います」

「農業の面白さって、そこにあると思うんです。作品というか、モノ作りが出来る。だって、私たちがリモンチェッロを作れるのも、自分たちが農家だからですよね。自分たちで育てているからこそ、それぞれの時期のレモンに合った作り方が出来る」(知子さん)

「ウチではリモンチェッロには、アレンユーレカとフェミネロっていう品種のレモンを使っているんですけど、11月と4月のレモンでは全くの別物なんです。秋のレモンはスパイシーなちょっと青い感じがします。これが、春になって段々熟して、6月になると酸が抜けて、ザク切りにしてサラダでそのまま食べられるくらい甘くなるんです。

今、妻が言ったように、自分たちが農家だからこそ作れるんですよ。で、同時に、そうやって作ったものでしか評価されない潔さっていうのが、僕が農業に感じる面白さの一つでもあるんです」

リモンチェッロは発売と同時に、口コミで広がり、都市部を中心としたお客さんたちから注文が入った。店舗を構えたこともあって、オリジナル商品も次々に開発した。

商品を作るのは知子さんの担当だ。現時点での商品といえば、生食用の柑橘を除いても、みかんやレモンのジュース、レモネード、ジューシーポンズ、ドレッシング、みかんのハチミツ、色んなフレーバーのジャム、アイスクリームなどなど、本当にたくさんの商品がある。

「これまで作ってきた商品はどれくらいになるんだろう。期待してたけど、1シーズンで終わっちゃったものや、八朔《はっさく》つゆとか、ニンニクレモン醤油とか、自分たちではそんなに売れないんじゃないかって思ったものが、ずっと定番になっていたりとか。

でも、やっぱり商品も、迷ったり、ふわっとしたまま作ったものは消えてますね」（知子さん）

恐らく、生食用の柑橘類の栽培だけをしていたら、今の自分たちはいなかったと思う、と二人とも話す。

驚いたのは、2014年に、リモーネとして、リキュール製造の免許まで取得したと聞いた時だ。酒造りの免許はかなりハードルが高い。

「それでも、一本の苗木を育てる所から、一杯のお酒になるまで全て自分の手で作る方が自然じゃないですか。だって、ワイン農家さんとかもそうですよね」（学さん）
「栽培、企画販売、最後のアフターケアまで、全部出来るのって楽しいですよね。もちろん、大変だし、自己責任は重大だけど、でも、そうやって、二人でちゃんとやりたいことが出来るんだっていうのを自分たちが作っていければ、新しい形の農業って出来るんだなって思いました。

農作物と加工品。私たちは、二つの作品を作っているんです」（知子さん）
柑橘の有機栽培にしろ、離島でのお店経営も、どちらも相当に成し遂げることは難しい。だが、二人は、それを苦労話として話すようなことはしない。
「もちろん、不安はありますよ。っていうか、不安の塊。でも、その不安っていうのは、5年後、10年後にやりたいことがあって、そのためにはどう動いていけばいいかっていうことだったりもするんです」（知子さん）
「そうだね。トランクと一緒なんですよね。僕らには、柑橘の可能性を広げるための色んなアイデアや構想があるんで、それを詰め込もうと思ったら、何かを捨てなきゃいけないんですよ」（学さん）
最後に、これからの有機農家には、どんな道が開かれると思うかを聞いた。

「自分が育てている作物っていうのが、どういった形で作られるのかはもちろんですけど、どんな風な流通で、消費者の手にどういう形で渡って、その消費者がどう料理して、どんなお皿に盛り付けているかまで考えていかないといけない時代だと思います。だから、どれだけ自分の視野を広げていけるか。農家の仕事っていうのは、もう畑で完結する時代ではないんです」（学さん）

変な言い方になるかもしれないが、二人はずば抜けて才能があるわけではない。そのことは二人自身が一番よく分かっている。だからこそ、週二日の「リモーネ」定休日になると、知子さんはキッチンに閉じこもってひたすら新しいフレーバーのジャム作りに没頭するのだし、学さんは、毎日毎日、畑で地道な作業を繰り返している。

作品を作るということは、そういうことだ。

自分たちの全てを注ぎ込んだ作品だからこそ、人々の胸に響くのだ。

7 渋谷に畑をつくる

きっかけは、weekend farmersの宣伝部長ツッチーからの連絡だった。

ツッチーに中学時代の同級生から久しぶりに連絡が入り、お互いの近況報告をした時に、weekend farmersの話をしたらしい。すると、その話を聞いた相手が「すごい面白くて、世の中のためにもなることやってるんだ、土屋。だったら、俺に出来ることがあれば力にならせてくれよ」と、申し出てくれたそうだ。

そのツッチーの同級生というのが、渋谷のスクランブル交差点などにある大型ビジョンの運営などをしている「シブヤテレビジョン」の平田昌吾さんだ。

「平田がさ、VTRを作れば大型ビジョンで流すことも出来るかもしれないって言ってるから、映像作ろうよ」と、ツッチーが鼻息荒く電話してきた。

渋谷？

ビジョン放映？

あまりに唐突な話に面食らいながらも、僕らの活動に共感してくれたというだけで、平田さんに会ってみたくなった。

数日後、品川のジョナサンで初めて平田さんと会った。助成金を申請しようと思っていた時に作った企画書を見せながら、僕らがやろうとしてることを話した。平田さんが口を開いた。

「話を聞いて、ますます共感しました。提案なんですけど、渋谷でもweekend farmersで何か出来ませんか？　例えば、野菜を販売するマルシェを定期的に開くとか」

要は、weekend farmersとして、渋谷で規模は小さくともビジネスをしないかという話だ。平田さんとしては、せっかく面白い活動をしているのだから、その活動をもっと広めるためにも、自分たちだけで動くのではなくて、もっとたくさんの人たちを巻き込んでいった方が面白い展開になると踏んだようだ。

平田さんの話を聞きながら思い出したことがあった。

その頃、僕は渋谷の神南小学校の目の前のマンションの一室を事務所にしていて、渋谷には毎日のように通っていたのだが、しばらく前にパルコのＰＡＲＴ２が閉館し、ビルが解体された。工事が終わった跡地を通ると、当たり前だが、そこはむき出しの土だけの空き地になっていた。その光景を見て、興奮した。

前にも書いたが、普段、都会で暮らしていると、コンクリートに覆われた道が当たり前になり過ぎて、コンクリートを引っ剥がすとその下に土があることさえも忘れてしまっている。都会のど真ん中に突如現れた土を見て、そもそも、土ってどうやって出来たんだろうと興味が湧いて調べてみた。

地球は半径が６３７１ｋｍで、そのうちの表面のわずか40ｋｍを岩石が覆っている。この岩石の上にちょこんと乗っかっているのが土だ。地球全体を人間の体にたとえるなら、土は人間にとっての皮膚のような存在なのだ。

ところで、岩石から土が生まれるまでには数万年にも及ぶ長い長い時間がかかることを知っている人はどれくらいいるだろうか。

まず、太陽の熱や雨風により風化が起こり、岩石がひび割れを起こす。そのひび割れの隙間に、乾燥に強いコケに似た地衣類という微生物が生まれる。地衣類が岩石を溶かして、二酸化炭素から有機物を作って、植物や他の微生物が生まれる原動力となると、石だらけの環境でも育つコケ等の植物が生まれる。そして、その根の有機物を食べて育つ微生物も誕生して、それらが石をさらに溶かしていく。そうやって生まれた土らしき層が何層にも重なって、厚みを増すと、ようやく植物が育つのに適した土へと変化する。ここまでで、数千年の時間がかかる。そして、ここから、ようやく地上での生命活動が開始され、森が生まれ、動植物が誕生するようになる。所謂、僕らが知っている土の姿になるまでには、数万年もの長い長い時間を必要とするのだ。

しかも、土の役割は植物を育てることだけではない。

土の細かな粒子は、空気中の有害物質を吸って空気を清浄にする。また、雨を濾過して地下水としてきれいな水を生み出し、太陽の熱を吸収して気温の上昇も抑えてくれる。

水や、空気など、僕らが生きている中で、当たり前と思っていたものは、すべて土のおかげで存在していたのだ。調べるほどに、土に対する意識が変わった。野菜だけじゃなかった。土がなければ、僕たち人間も、あらゆる動植物も生きていくことが出来なかったのだ。

前に、油井君の野菜は畑とその周囲の自然とのグルーヴの結晶だと書いたが、土は地球が誕生して以来のあらゆる活動が渾然一体となって生み出されたグルーヴの結晶だったのだ。

人間は、なんて遠い所まで来てしまったんだろう。ネイティブ・アメリカンのメディスン・ホイールをまた思い出す。人間は、あらゆる生命の輪の外にいるとされていた理由がハッキリと分かった。生命の循環の輪に加わるどころか、むしろその循環を押さえつけているのだ。

だから、土のことを知るほどに、ますます、渋谷に畑を作りたくなった。

チャンスは突然やってきた。

ある時、何気ない会話の中で、平田さんが、

「ウチってライブハウスも運営してるんですよ」

と、口にした。

瞬間、閃いた。

「どこにあるんですか?」

「道玄坂のON-AIRですよ」

ON-AIRなら何度もライブに行ったことがある。デカい箱だ。

「ちなみに、一番デカいO-EASTの屋上って、どうなってるんですか?」

「何もないですよ」

「え、室外機とかがズラッと並んでるんじゃないですか?」

「いや、結構デカい箱なので、室外機ももちろんありますけど、そうじゃない、何もないスペースもありますね」

これだ！　と思った。

「平田さん。そこで畑やりませんか」

渋谷の路上を畑にすることは現実的には難しい。だったら、土をコンクリートが覆っているように、さらに、そのコンクリートの上を土で覆い返したらどうだろうと思った。

今度は、平田さんが困惑したようだった。それでも、屋上の畑の具体的なアイデアを話していくと、平田さん自身ピンとくるものがあったのだろう。

「分かりました。個人的には、面白いし、やる価値のある試みだと思います。社内で話してみます。ちょっとだけ時間下さい」

と言うと、数日後、電話が来た。

「会社の了承取りました。屋上の畑、やりましょう」

すぐに油井君に電話した。

「マジですか！」

興奮している。そりゃあ、そうだ。ついこの前まで、助成金では志村けんにヤられ、畑ではイノシシにヤられながら、ひたすらコツコツと地道な作業をみんなでやっていたのが、急に渋谷で畑をやるとなったらテンションが上がらないわけがない。

「油井君、高校生バンドがいきなり武道館でライブするようなもんだね」

「本当ですね。話がどんどんすごいスピードで展開していくので、ちょっとビビっちゃいますよ」

「大丈夫、大丈夫。思いっ切りやるだけだよ」と言って、電話を切ったのだが、突然、頭が真っ白になった。

そういえば、屋上に畑ってどうやって作るんだ?

僕らの中で、誰も屋上に畑を作ったなんて経験をしたことがある人間はいないし、屋上緑化などの経験もない。早速、油井君と屋上の視察に行った。

TSUTAYA O-EASTに入り、5Fでエレベーターを降り、屋上に上がる階段を登りきると、突然、頭上にドカンと360度パノラマの空が抜けた。

「うわ、スゲー!」二人同時に空を見上げた。

想像を超えた別世界だった。

ここが渋谷とは思えない。空が近い。風が吹き抜けていく。最高のロケーションだ。ラブホテルの看板が立ち並ぶ円山町はもちろんのこと、渋谷の街も一望出来るし、遠くには新宿の高層ビルも見える。

それに、何よりも屋上自体が想像していたよりもかなり広い。100平米は優に超えている。こんな場所に畑を作るなんて、我ながら最高のアイデアだ。

鳥肌が立ち、同時に、武者震いもしてきた。

「渋谷に畑を作る」

妄想とばかり思っていたアイデアが、本当に可能になる。しかも、他の誰でもない、僕自身が自分たちの手で作る場を与えてもらえたのだ。

「ここを全部使っていいんですか」

「僕もそのつもりだったんですけど、例えば、ミュージシャンのプロモーションビデオの撮影とかが結構入ってくるそうなので、ざっくり半分くらいのスペースでどうですか」

それからは、屋上の畑の事例を本やサイトを中心に調べまくった。すると、アメリカのブルックリンやカナダのバンクーバーなど、海外ではルーフトップ・ファームに熱心に取り組んでいる地域や人たちがいることを知った。

たとえ都市の中であっても、自分たちの街で、自分たちで野菜を育てて食べたい。そう考える人々が世界各地にいるのだ。

渋谷の畑作りの準備と併行して、相模湖でのイベントやワークショップも続けていたので、気がつけば、毎日、畑に関することばかりしていた。

当然、畑関連で収入は一切ない。むしろ、かかる費用はすべて自分の持ち出し。それでも、相模湖でのイベントにしろ、屋上の畑にしろ、やるならとことん腹をくくらないとやりきれないだろうと思った。ある晩、妻に言った。

「今年、一年だけ。とにかく好きなことだけやらせてくれ」

収入が減ることに妻は不安な表情を見せたが、すべてのエネルギー、すべての時間、すべてのアイデアを畑に注ぎ込みたかった。初めて、自分自身で作った仕事だ。自分の全てをぶつけてやろうと思った。

そうして、当初は、土嚢《どのう》袋を積み上げていくアースバック方式を始め、色々な案を探っていたのだが、最終的に、一つ1.5m×3.5mの巨大なプランターを3つ作り、それを日当たりや排水を考慮しながら、50平米ほどのスペースに配置することにした。

そうすれば、例えば、一旦、設置した後でも、作物の生育状況が思わしくなければ移動することも出来る。持ち運びするには巨大過ぎるが、それでも、こうしてモバイル・ファーム化した方が、この先、色んなアイデアを試していくのにも向いているように感じたからだ。

これが、妄想していたのと同じような形で、本当に渋谷の土の上に畑を作るのだったら、誰もが驚いたとは思うが、畑の仕組みそのものは、農村にある普通の畑となんら変わらない。それが、ラブホテル街のど真ん中のビルの屋上に作ったところに、この渋谷の畑の面白さはあるのかもしれない。

都市における農的なライフスタイルの可能性を追求し、実現出来る絶好のロケーションは、

培養土

それこそ、weekend farmersを立ち上げた時に掲げた、野菜を育てるスキルの共有をするのにも、いいモデルケースとして提案できる場ともなる。

誰もやったことがないから、お手本になる前例もないし、下手すれば何も生み出せないリスクもあるが、そんな不安よりも、誰もやったことがないことをやる興奮とスリルが冒険心を掻き立てる。手つかずのキャンバスだ。何を描いたっていい。

俺たちは自由だ。思い切りやろう。

そこで、こんな馬鹿でかいサイズのプランターなんて既製品ではない上、プラスティックなんて味気ない素材のものは使いたくなかったので、木工所にオーダーメイドで発注することにした。ありがたいことに、プランターの費用はシブヤテレビジョンが出してくれることになった。

ネットでようやくこちらの注文に応えてくれそうな木工所を見つけて連絡を取った。すると、そこの木工所がとても親身になってくれ、木だとどうしても腐食しやすいので、腐食が進みにくいようにとすべての面に焼きを入れたり、腐食を防ぐための塗装もしてくれることになった。他にも、水はけを考慮して、地面にべったり設置しないような工夫をしてくれた。「ウチにとっても初めての取り組みなので、やれることは一通りやりましょう」と言ってくれた、(電話での声の印象では)老齢と思われる社長の心意気に頭が下がった。もしかしたら、

「渋谷の屋上に畑を作りたいんです」と話したことで、社長の職人魂に火がついたのかもしれない。畑作りに使う土の量も算出して、屋上緑化の専門家にも仕様を説明すると「それなら、建物に過剰な重量の負荷をかけることもないし、畑としても機能する」とお墨付きをもらった。

それでも、ずっと緊張はしていた。油井君には、相模湖での野菜の栽培に集中してもらいたいし、ツッチーは自分の仕事で手一杯だったので、すべての段取りを一人で組んでいたので、何度確認しても、心から大丈夫だと安心は出来なかった。前にも書いたが、プラモデルも500円以上となると、ちゃんと作れた例しがないほど不器用だし、日頃からDIYで必要な道具を自作したこともない。だから、とにかく、しつこいくらいあらゆる角度から検証し、ちょっとでも疑問が浮かぶと木工所の社長や屋上緑化の専門家に意見を聞いた。それでも、とにかく楽しかった。毎日毎日、朝から晩までweekend farmersの活動に没頭した。疲れてきて集中力が途切れてくると、近所迷惑も顧みず（ご近所さんごめんなさい）、爆音でロックンロールやパンクをかけて、自分を鼓舞した。

そうして迎えた2015年8月某日。いよいよ、屋上に畑を作る日がやってきた。

「今日は、気温が35℃を超えるでしょう」

渋谷に向かう車の中でラジオのニュースが言った。

朝、10時。TSUTAYA O-EASTの前に8tトラックが横付けされた。ドライバーさんが荷台の扉を開くと、そこには1袋20kgの土が200袋以上積み込まれている。手伝いに来てくれたシブヤテレビジョンのスタッフ6名と、僕と油井君は、その光景を見て、一瞬、言葉を失った。5Fまではエレベーターで上げることが出来るが、そこから屋上へ続く、急な階段はすべて人力で運ばなければならない。しかも、運び込む土は他にもあった。前日、僕は油井君の畑へ行って、畑の土を土嚢袋にたっぷりと100袋分詰め込み、持ってきていた。

畑で最も重要な土作りをこれからしていくにあたって、市販の有機培養土だけでなく、油井君が大事に育ててきた畑の土を加えた方が、よりいい土になることは明白だ。だから、油井君にお願いして、前日にせっせと大量の土を土嚢袋に詰め込んで持ってきたのだ。

屋上は、地上よりも3～5℃くらい温度が高い。頭の真上から照りつける太陽のギラついた暴力的な陽射し。運んでも運んでも減らない土。一時間もすると、両腕はパンパンに乳酸が溜まり、手は勝手にプルプルと震えるようになった。

この日のことは、正直言って、途中からあまり覚えていない。軽い熱中症だったのかもしれない。ヘトヘトだった。昼休みの休憩に、一旦、事務所に戻ると、あっという間に僕も油井君も眠りに落ちた。その日は1日かけて、大量の土を屋上にあげただけで日が暮れた。一体、何回、階段を上り下りしたのか。何袋運んだのだろう。

その日は、僕と油井君は事務所に泊まることにしていたので、ドロドロの体をシャワーでさっぱりさせた後に、夜の渋谷の街へ出かけた。キンキンに冷えた生ビールが運ばれてくると、一気にゴクゴク喉を鳴らして飲んだ。美味かった。大量の汗と暑さでカラカラに肉体が乾ききっていたからってこともちろんあるのだけれど、僕自身の渋谷への思い入れが変わったのだろう。

渋谷に来たお客さんではなく、自分の部屋で飲んでいるような解放感がたまらなく気持ちよくて、今まで飲んだ生ビールの中で一番美味かった。

初めて、渋谷を自分の街だと思えるようになった。自分で考えて、自分で動いて、自分で作った場所を持てたことで、意識が変わった。ただの仕事や遊びの場でしかなかった街への視線が変わった。あの時、初めて、自分自身が渋谷ローカルの一員になれたような、そんな意識が芽生えたのだと思う。

翌日は、まず、屋上全体に伸びている雑草の草刈りから始まった。そこで刈った草も畑に鋤き込む資材になるので、捨てずに保管した。その後、巨大なプランターを全員で組み立てると、その中に、前日に運び込んだ大量の土を入れた。夕方、美しいサンセットに屋上が包まれる頃、この苛酷な真夏の作業は、ようやくすべて完了した。何ヶ月もずっと張りつめていた神経がゆっくりと弛緩していく。目の前には、完成したばかりのプランターが並んでいる。

その時の、正直な思いを書こう。

「あ、本当に出来ちゃった」

拍子抜けするくらい、間抜けな感想だった。

これが、渋谷の畑だ。そう思っても、どこか現実感のない光景。ただ、土が入っただけのプランターを置いているだけだから、映画のセットのような作り物みたいに見える。

でも、これがここの面白さなのだ。絶対に、こんな場所に畑なんてあるはずがないって場所に作ったからこその、現実と非現実が反転したような不思議な感覚は、ここに来る人たちにとって強烈なインパクトになるだろう。

その時、パッと頭の中に、大勢のゲストを招待して、畑を囲みながらパーティーをしているイメージが浮かんだ。

「あっという間に、思えば遠くへ来たもんだ、だね」と、油井君へ話しかけた。

「まだ、現実感がないですよ」と、油井君は笑う。

「11月に、お披露目パーティーをやろう」

HOTEL
HOTEL
Festo

「え、パーティーですか？」

「うん。ここで育てた野菜はもちろんだけど、油井君の畑からもたっぷり野菜を持ち込んで、遼君たちに料理を作ってもらってさ。それを、来てくれたゲストに食べてもらったり、DJも入れて気持ち良い音楽を流したら、最高じゃん。誰も見たことがないようなパーティーになるよ」


気持ちは、もう先へと向かった。最高の舞台を提供してもらった。後は、俺たち次第だ。

渋谷の畑をやることが決まって以来、ひとつやりたいことがあった。ニンジンジュース作りだ。

渋谷の畑を作ることが決まって以来、事務所の目の前の神南小学校を見るたびに、土のない、テニスコートのような校庭で遊んでいる子供たちを見ては、この屋上へ来てもらい、僕らが育てたニンジンを収穫してもらって、それをジュースに加工するまでの作業を一緒にやってみたいと思っていた。名付けて「じんなんにんじんジュース」。

油井君が育てるニンジンは本当に美味かったから、相模湖の畑と同じくらいのクオリティは無理としても、そこらのスーパーで売ってるようなニンジンとは比べ物にならないくらい、甘くてしっかりとした食べ応えのあるニンジンが、この渋谷の畑でも育てられるはずだ。

そのニンジンを、小学生自身が種を蒔いて、草を抜いて、収穫までしてもらいたい。そして、そのニンジンをジュースにするのも、僕らと小学生とで一緒にやっていきたい。自分たちで育てたニンジンだから愛情も湧くし、何よりも、それまでのニンジンとは味が全然違うのだから、ニンジン嫌いの子供たちでも飲んでくれるんじゃないか。

せっかく、渋谷で畑を作ったのだから、地元の人たちにも喜んでもらえるような取り組みがしたかった。そして、誰もが気軽に遊びに来られるような、公園のような畑にしたいと考えていた。

そう考えると、小さな畑だけど、野菜の種類もたくさんあったほうがいい。しかも、僕らは、渋谷の畑でも、農薬も化学肥料も一切使わずに野菜を育てることにしていたので、まずは、ノーガード戦法でいこうと決めた。

ここでいうノーガード戦法とは、あえて、例えばネットを張ったり、マルチと呼ばれる黒いビニールで作物以外の土の部分を覆ったりするなどの病虫害対策を取ることはせずに、むき出しの畑のままで野菜を育ててみるということだ。そうすれば、種蒔きをした野菜たちがどんな風に育つのか、どんな被害が出るのかも分かるようになる。

また、そうやって、色々な野菜を育ててみないことには、どんな野菜がこの渋谷の畑に向いているのかも分からない。だから、まずは、渋谷というこの土地の気候、生き物たちなど、渋谷の自然をじっくりと観察も兼ねてフィールドワークをするつもりでいた。

数日後、土が馴染んだ頃を見計らって、初めての種蒔きをした。

プランター1…ベビーキャロット、ホウレンソウ、パクチー。

プランター2…キャベツ、サニーレタス、スイスチャード（ホウレンソウの仲間）、レタス、からし菜、ルッコラ。

プランター3…水菜、あやめ雪（小かぶ）、わさび菜、ラディッシュ、紅芯大根、ビタミン大根、トマト（苗を定植）。

最初にぐんぐん成長したのは、水菜やわさび菜などの葉物野菜たちだった。日当たりも一番いいプランター3の野菜たちは、その他の野菜たちも順調に育っている。水菜を千切って食べてみると、味も美味い。濃厚で食べ応えがある。

すごい！　渋谷で野菜が育っている。

目の前の野菜を見て、身体中にエネルギーがみなぎってくる。

やった！　本当に、渋谷に畑を作ったぞ！

育てたい人間さえいれば、野菜は育つんだ。屋上から渋谷の街を見下ろすと、あちこちのビルの屋上に空いたスペースをたっぷりと見つけた。ここから見えるだけでも、たくさん畑が作れそうだ。これなら、すごい量の野菜が育てられる！

と、テンションは上がる一方だったのだが、一方で、排水口に近いため、水はけも悪くなっているのか、プランター1は、思うように成長しない。しかも、プランター1には、早速、ネキリムシとヨトウムシがやって来た。

ネキリムシとは、蛾やコガネムシなんかの幼虫の総称で、芽が出たばかりの作物の根元を齧って作物を枯れさせることから付いた名前だ。油井君の畑の土か、市販の培養土の中に卵があって、それが孵化したのだろう。

しかも、なんとかネキリムシの被害から逃れたとしても、今度は、ヨトウガという蛾の幼虫が葉や実を食べに来る。夜にやってきて、作物をダメにしていくから「夜盗虫」という、名前だけ見ると、ちょっとカッコイイのだが、その後、このネキリ&ヨトウのコンビに、プランター1は散々にやられた。

それにもっとビックリしたのは、渋谷ならではの獣害だった。

例えば、プランター3のトマトでいうと、青い小さな実をつけるまでは順調だったのだが、ある日、畑に行くと、その実が食い千切られまくっていた。しかも、プランターからかなり離れた場所にも、青いトマトの実が落ちている。その様子を見て、油井君が「これはカラスですね」と言った。

イノシシの代わりにカラスか。それに、どうやらネズミも畑の中を歩いているようだ。土の表面をじっくり観察すると、四つ足の何者かが歩いたような跡がうっすらと残っている。この場所で考えられるとしたら、ネズミしかいない。

ノーガード戦法で行くと決めた時から、何かしらの被害が出ることは想定していたのだが、荒らされた畑を目の前で見ると、やっぱりガックリくる。

順調だった水菜やラディッシュなどは、収穫して自分たちでも食べていたし、O-EAST近くの百軒店商店街の飲食店に持ち込んで、お客さんたちにも振舞ってもらったりもして、思っていた以上に順調なスタートを切ったと思っていたが、そうそう農業の神様は甘くないようだ。まあ、ゆっくりやろう。

ところで、話は前後するが、農業の神様は甘くないってことで言うと、渋谷の畑作りの一週間前に、初めてのイベントで種まきしたトウモロコシの収穫祭を相模湖でやったのだが、トウモロコシの出来があまり良くなかった。

もともと、化学肥料を使っていないので、スーパーで見かけるようなサイズにはならないと思っていたが、収穫出来るまでのサイズに育ってくれたのは、想定していたボリュームの半分くらいで、小ぶりなものは、皮を剥いてみるとまだまだ粒が揃っていなかったりもする。収穫祭にも、たくさんの友人知人が参加してくれたので、そんなトウモロコシを渡すのは気が引けた。

ただ、救われたのは、本当にもぎたてのトウモロコシが、そのまま生で食べられるほど、ジューシーで甘くて美味しかったことだった。さっと熱湯で茹でるだけで食べたのだが、プリップリの実を齧った時にジュワッと口の中に溢れる柔らかくて濃厚な甘みは最高だった。

「本当に、味が全然違う」

「これ、トウモロコシのジュースだね」と、不出来なトウモロコシにもかかわらず、みんなが貪るように食べてくれて救われた。

「すいません。俺が土寄せをしっかりやりきれなかった責任です。来年は、必ず、もっと立派でピシッと粒が揃ったトウモロコシをみなさんに食べてもらえるように頑張ります」

そう言う油井君は、本当に悔しそうな顔をしていた。

ついでに言うと、相模湖の畑では、トウモロコシ以外でも、油井君の実家がある宮城で親しまれている「秘伝豆」という大粒の大豆の種蒔きから収穫までのイベントをしたり、雨の日は、古民家をリノベーションしたベジタリアンフードのカフェ「たねまめ」さんで、クッキングスクールをしたり、色んなイベントやワークショップを開催していた。

その度に、せっかく足を運んでくれるのだからと、遼君を始め、地元の料理人の方たちにお願いをしてランチを用意したり、出来る限りのもてなしをしようとあれこれ試行錯誤もしていた。だけど、そうしてイベント化してしまうと、どうしても参加してもらうのにお金を

HOTEL
Festa
HOTEL
Festa

払ってもらわなければならなくなる。果たして、それが僕らにとっての正解なのか。それも悩み続けていた。

そこで、渋谷の畑の収穫祭は、参加費を無料にすることにした。

また、平田さんからは、「これまでは、クライアントさんと個々のお付き合いをしてきたんですけど、この機会に、クライアントさんを一堂にお呼びして、シブヤテレビジョンとしてのおもてなしもさせてもらいたい」との意向も受けていたので、招待するゲストの人数が一気に増えることになった。

ついこの前まで、相模湖のイベントと渋谷の畑を作ることで、目一杯走り続けてきて、頭も体もクタクタだったけど、収穫祭も自分で言い出したことだ。それに、たくさんのゲストを呼んでくれるなら、それこそ、油井君の野菜のお披露目にはもってこいのチャンスだ。中途半端なものにはしたくない。

当初は、渋谷の畑で収穫したての野菜を中心に食べてもらおうと考えていたのだが、その後も、渋谷の畑はなかなかに苦戦が続いていた。

中でも痛かったのは、油井君の得意のニンジンとホウレンソウがことごとく虫たちにヤラれて上手に育てられなかったことだ。だが、それも当たり前の話で、たった3か月かそこらで、思い通りの野菜を作ろうなんて、何年も、何十年もかけて丁寧に土を育て、周囲の環境と一体となるような畑作りをしている農家から見れば、浅はかこの上ない考えだろう。

そこで、頭を切り替えた。

渋谷の畑は、まだまだ生まれたての赤ん坊だ。だから、まずは、こんな場所でも、野菜が育てられるということを感じてもらうこと、その一点に絞る。その上で、油井君の野菜の美味さをたっぷり味わってもらおう。そのためには、相模湖の畑で収穫した野菜をたっぷりと使った、最高の料理でもてなそう。

友人のDJやバーも参加してもらうことにしたし、会場のセッティングも決めなければならない。パーティーに関するあらゆることを全部一人でやっていたので、やるべきことがあり過ぎた。毎朝、目が覚めて30秒後からPCに向かって作業をして、日中は、渋谷と相模湖の畑を行ったり来たりしながら、夜、自宅に戻ると、真夜中にぶっ倒れるように眠るまで作業を続けた。

そうして、迎えたパーティー当日。前夜からの雨が降り続いていたが、相模湖で初めてイベントをやった時も、天気予報は雨だったにもかかわらず、朝からピーカンに晴れた。だから、周りのスタッフは心配そうにしていたが、僕は気にもしなかった。

会場の準備に走り回っていると、シェフの遼君から呼び止められた。

「これ食べて」

手渡されたのは、遼君が仕込んだ富士桜ポークという豚肉のベーコンを、油井君のカブとわさび菜でサンドしたもの。囓ると、カブのジューシーかつカリッとした歯応えと甘みがベーコンの油や塩気と絡み合い、そこにわさび菜がアクセントで入ることで、全体の味が引き締まって、最高に美味い！　あまりに美味くて、開店の準備をしていたバーのブースに行って、特別に準備してくれていた日本酒の新政を出してもらって、合わせてみると、これがまた最高だった。まさに、風味絶佳《ふうみぜっか》。

この日のために、油井君が用意した野菜は、ラディッシュ、紅芯大根、ビタミン大根、ニンジン、からし菜、わさび菜、ルッコラ、サニーレタス、あやめ雪かぶ、長かぶ、水菜、パクチー、里芋、赤水菜、小松菜、ネギ、チンゲンサイ、ホウレンソウ、春菊、かぼちゃなど。

サラダはもちろん、根菜汁やひよこ豆のカレーなど、たっぷりと野菜を使った、めくるめく野菜料理の世界がズラッと並んでいる。

開場時間になると、ピタッと雨は止んだ。嬉しいことに、オープンと同時に、ゲストがぞろぞろとやって来る。

みんな一様にまず、屋上の景色に驚く。そして、畑を見て、

「本当に、畑があるよ！」

と、笑っている。

まさに老若男女。地元の人から、家族連れ、ビジネスマン、カメラマンやデザイナー、農家さんや料理人などなど、とにかく普段なら決してこうして同じ場所に集うことはないであろう多様な人間が、200人も渋谷の畑にやってきてくれた。藤野の仲間たちもたくさん来てくれた。

この手のパーティーは、大抵、付き合い上、ちらっと顔だけ出してすぐ帰るのがお決まりのパターンなのだが、食べ物が美味いのか、帰る人がほとんどいない。

子どもたちには、なんとか少しだけ育ったミニキャロットを収穫してもらった。最初は、恐る恐る土の中に指を突っ込んでいた子どもたちも、ニンジンのオレンジ色が見えてくると、「本当にニンジンがいる」と言って、夢中になってほじくり返している。そうして収穫したニンジンを水で洗って手渡す。

「このまま食べてごらん」

ちょっと戸惑いながらも、意を決して子どもたちが齧り付く。

カリッ、カリッ。あちこちから、ニンジンを齧る音。

どうかな、気に入ってくれるかな?

子どもたちの表情が気になって見回すと、ひと口齧るどころか、みんなボリボリ食べ続けている。

「おいしい！」「甘い！」のニコニコした笑顔での大合唱は本当に嬉しかった。

諸々の進行や紹介される人たちと話し続けていたせいで、会場全体の雰囲気を見る暇もなかったので、改めて、屋上をぎっしりと埋め尽くしたみんなの表情を見回してみた。相模湖の畑でのイベントでもそうだったが、今日は２００人ものゲストのみんなが本当に楽しそうに過ごしている。

料理をパクつきながら、酒を飲みながら、音楽を聴きながら、木のスプーンの手作りワークショップで遊びながら、みんな思い思いに、この時間と場所を楽しんでくれている。

なんだか、小さな村みたいだ。

気がつけば、雨どころか、スカッとした秋晴れが広がっていた。

「じゃあ、まずはカッターでペットボトルを切っていきます」

ツッチーがそう言うと、集まった参加者は、それぞれ手元にあるペットボトルの一部を切り取っていく。

収穫祭から半年ほど経った。

今日は、これから、「渋谷の畑」で田植えをする。

ペットボトルをカットして、土をたっぷりと入れる。そこに水を入れてかき回せば、代掻《しろか》き（田植えのため、水を張り土をかきならすこと）した後の田んぼと同じ状態になることから、ペットボトルを田んぼに見立てて稲を育てる「渋谷の田んぼ」も始めることにしたのだ。お茶碗一杯分の米を育てるには、3本のペットボトルが必要になるので、今回は100本のペットボトルを用意した。上手くいけば、30杯分の米が育てられることになる。秋には、黄金色の稲穂が屋上を染めてくれるだろう。

もちろん、畑も続けている。

冬の間、じっくりと土作りをして、畑のレイアウトを変えた。

「じんなんにんじんジュース」は、まだ作れていないけど、今年は、地元の子どもたちに、せっせとトウモロコシを育てている（もちろん、他の野菜も！）。

この頃、渋谷の畑について、色んな人からこう聞かれる。

「このプロジェクトって最終的にはどうしていくの？」

正直言って、そんなこと何も考えていない。確かに、これは僕にとってはかけがえのない仕事だ。でも、だからといって、どうやってこのプロジェクトをお金に変えていこうかなんて考えようと思っていない。いや、もちろん、利益は上げたい。少なくとも、油井君の野菜

ばんじ

のファンが増えてほしいし、注文も増やしたい。でも、それも、自分たちが、本当に思いっきりやりたいことをやっていけば、結果は後から付いてくるように思う。

実際、ついこの前から、渋谷のスペイン坂にある、女性に人気のビストロ「BiOcafe（ビオカフェ）」さんが、油井君の野菜の味に惚れて、サラダランチを始めてくれた。油井君にとっても、始めての定期的な大きな取引だ。

話が急展開で決まったので、当初、油井君は定期的な配送を可能にする収穫量の不安から結構テンパって、珍しく後ろ向きな言葉を口にした。

「でもさ、油井君。考えてみなよ、ずっと、こういう状況を待ってたんじゃん。自分が育てた野菜を心底美味しいって言ってくれる人たちと繋がって、普通に美味しい野菜を普通の値段で手渡せるんだよ。農家として、『忙しい』って最高じゃん」

不安で暗い表情だった油井君の顔色が、パッと変わって明るくなった。

「そうでした。俺は、これを待ってたんです。何をビビってたんですかね。ここでやんなきゃ、いつやるんだって話ですよね」

でも、それは僕にしても同じだ。これまで生きてきた中で、こんなに、日々「自分が幸せだな」と感じることはなかった。きっと、自分の中で幸福というものの価値が変わったんだろう。

取り引きが始まってからひと月が経った頃、ビオカフェの料理長・鎌城大輔さんに時間を取ってもらって、油井君の野菜の評判を聞きに行った。当初、取り決めていた量を超える発注を一週間目からもらっていたので、僕らとしては順調な滑り出しにホッとしていたのだが、実際に調理をして、日々お客さんの反応をダイレクトに見ている鎌城さんに話を聞きたかった。

「失礼な言い方かもしれないんですけど、私の予想は完全に外れました。これほど、お客様が反応するとは意外でした。ニンジンとかが人気なのは予想していましたが、例えば、カブの葉なんかもサラダバーに出した瞬間に瞬殺ですよ。あっという間に無くなっちゃいます。一人で来られるお客様もすごく増えました。それも、男性も増えてるんです。中には、週6で来られるお客様までおられます。完全にお目当ては野菜です。だから、ウチとしては出せる野菜は全部もらいたいくらいです」

料理人として、これまでたくさんの食材に触れてきた鎌城さんにとっても、油井君の野菜は、味も鮮度の持ちも驚きだったそうだ。

「だから、この野菜の美味しさをなるべくそのまま味わってもらいたいので、保存の仕方も工夫してるんです」

僕が一葉のホウレンソウと出会って農に引き込まれたように、油井君が育てた野菜は百戦錬磨の料理人の心まで動かしていた。

店を出て、渋谷の街を歩く。確かに、今、この瞬間に、この街を歩いている人の中にも何人もの油井君の野菜のファンがいるんだ。そう思ったら、心が震えてきた。もしかしたら、今、こうしてすれ違った人が、いつの日か畑に遊びに来るかもしれない。

想像してみて欲しい。

weekend farmersに参加して、野菜を育てる楽しみを知った人が、自分の住むマンションの住人に声をかけて、みんなが野菜を育て始めたとしたら。都会のど真ん中のマンションで、住人たちが一斉にベランダで野菜を育て始めたとしたら。

一見、無機質に見える灰色のマンションに朝日が当たると、そこには、太陽に向かって蔓を伸ばしているトマトやキュウリやスナップエンドウ。風に吹かれているサニーレタスやニンジンの葉っぱの美しいグリーン。あっちの家はネギがふさふさ。こっちの家はジャガイモがゴロゴロ、なんて光景が見える日が来るかもしれない。

そうやって、マンション全体が畑になれば、みんなでそれぞれの作物を持ち寄るだけでも、相当量の野菜の自給が可能になる。しかも、同じ作物を作り続けるのではなく、作物を持ち回りにすれば、毎年毎年、それぞれの住民が栽培技術も共有していくことになるから、どんどん育てる野菜の味わいも増していく――。
僕は、そんな光景を思い浮かべながら、今日も畑へ行く。
僕は、渋谷の農家だ。

あとがき

渋谷に畑を作ってから一年が過ぎた。

今年は、茅や雑草を堆肥化して土作りをしたことと、ノーガード戦法をやめて、ネットを張ったりしたことで順調に作物が育っている。

念願だったトウモロコシも見事に育ってくれて、7月に渋谷の畑で開催した「真夏のトウモロコシ祭り」では、まさにもぎたてのトウモロコシを子どもたちに食べてもらうことが出来たし、トマトにいたっては、本当にここが渋谷なのかと思えるほど、実がぎっしりとなって、毎日のように収穫している。

朝の屋上で、たった一人で作業をしながら、ルッコラを千切ってつまんだり、喉が乾くとトマトを頬張ったりしながら汗を流す。疲れたら、芝生に寝転んで空を眺める。ここから見上げる空はきれいだ。

去年と比べると、明らかに畑の状態が良いのは、たった一年でも、土が健康に育ってくれているからなのだが、有機農業の世界では、「堆肥は、入れた年に効くのが3割、2年目が3割、3年目が2割」とされ、土作りには最低でも5年はかかると言われている。ということは、来年以降の畑は、もっと土の状態が良くなり、今以上に、いろんな野菜を育てることができるのではないか。5年後の畑はどんな姿になっているのだろう。想像するだけでワクワクしてくる。

僕たち自身の活動も5年後は、一体どんな展開になっているのだろう。

渋谷の畑という、(自分で言うのもなんだが) 飛び道具の力のおかげで、一年目の活動は猛スピードで成長した。ロケーションの面白さから集まった人たちに、油井君の野菜を届けることが出来たし、自分たちが働いたり、暮らしている街でも農的な暮らしが出来ることも伝えられた。

ただ、これは始まりに過ぎない。

これから取り組んでみたいふたつのことがある。

ひとつは、渋谷の畑化だ。もうひとつは、全国各地の農家とのネットワークの構築を考えている。

本文でも何度も書いているが、この屋上から見渡すだけでも、畑が作れそうな屋上はたくさんある。これをどんどん広げていきたい。別に僕らがやらなくても、そこが会社のビルなら、社内で屋上畑部でも結成して、持ち回りで畑の面倒を見るだけで、働きながら新鮮な野菜を手に入れられるようになる。

世界中を見渡しても、渋谷のような都市で、街全体をあげて農に取組んでいる場所などないはずだから、これも渋谷発の新しいカルチャーとして発信していけば、より大きなムーブメントが起こせるのではないか。

そして、同時に、油井君のように情熱を持って農に取り組んでいる全国の農家と連携もしていきたい。僕のような農の生え抜きではない、外部からの視点やアイデアをどんどん利用してもらうことで、それぞれの地域に野菜で繋がるコミュニティが生まれるような活動にも取り組んでみたい。

時間はかかるかもしれない。

だが、最初「渋谷に畑を作りたい」と言った時にも、周りの人たちには「それは難しいよね」と言われたけど、本気で動いてみると、本当に作ることが出来た。別に、自分がすごいだろうと言いたいのではない。社会に望まれるものでなければ、いくら僕が動いたところで相手にもされなかったはずだ。つまり、渋谷の畑は、みんなの潜在的な欲求があったからこそ実現したわけで、言い方を変えれば、渋谷の畑はみんなのものなのだ。

農は楽しい。農は嬉しい。農は美味しい。
僕が伝えたいことは、たったこれだけのことだ。
僕らが暮らし、僕らが働き、僕らが遊ぶ、僕らの街を、さあ、みんなで畑にしよう。

We are weekend farmers!

２０１６年8月　小倉 崇

本書に収録されたインタビュー「渋谷の農家、旅に出る」は、株式会社トゥルースピリットタバコカンパニーが企画制作・運営しているwebサイト「SHARE THE LOVE for JAPAN 〜大地にやさしい農業のために〜」に執筆した記事を元に、修正、加筆を加えたものです。

「本質が素晴らしくて、誰もやったことがないことをやろうと」山田典章（有機オリーブ栽培農家）
「これがお茶の味だと思います」北村親二（お茶農家）
「徳之島では、毎日、なにかしらニンニクを使った献立が並ぶ。それで、ニンニクの茎の漬物を開発したの」福留ケイ子（ニンニク、果樹農家）
右記ページの写真　公文健太郎

そのほかはすべて書き下ろしです。

小倉 崇（おぐらたかし）
編集者／農家。
大学卒業後、出版社に勤務。
独立後、ANAグループ
機内誌『翼の王国』を
中心に編集／執筆。
2007年「ink press」設立。
以降、編集者・
クリエイティブ・
ディレクターとして、
出版／広告を中心に
活動する傍ら、
日本全国の有機農家を
取材する農業ライター
としての活動にも注力。
2015年、
育てて食べる畑の八百屋
「weekend farmers」結成。
著書『LIFEWORK
街と自然をつなぐ12人の
働きかたと仕事場』（祥伝社）。
weekend farmers
URL：
http://weekendfarmers.jp

渋谷の農家

二〇一六年九月二十一日　初版第一刷発行

著者
小倉 崇

発行人
浜本 茂

印刷
株式会社 シナノパブリッシングプレス

発行所
株式会社 本の雑誌社
〒101-0051
東京都千代田区神保町1-37
友田三和ビル5F
電話 03(3295)1071
振替 00150-3-50378

ISBN978-4-86011-291-2 C0095